商業模式創新
─實戰演練入門─

原來創造自己的商業模式這麼簡單

図解ビジネスモデル・ジェネレーション ワークブック

BUSINESS MODEL
GENERATION *Work Book*

今津美樹

王立言──譯

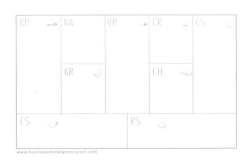

Business
Model
Generation
WORKBOOK

www.businessmodelgeneration.com

INTRODUCTION
卷頭漫畫

三分鐘搞懂商業模式創新 ·································· 6

INTERVIEW
由「商業模式圖」之父親自解說《獲利世代》的誕生背景

PART 1 Tutorial
基礎知識解說

如何閱讀本書

以下為本書大綱。

PART 1

基礎知識解說

加深您對商業模式創新基本思維的理解，並使您進一步了解如何運用此思維的核心工具「商業模式圖」。即使是首次接觸商業模式創新的讀者，在讀過這部分後，也能了解其概要。

PART 2

各式實踐範例：
組織、企業實地運用商業
模式創新的案例

介紹將商業模式創新運用在企業和專案等組織中時，所應因循的步驟和填寫商業模式圖時的範例。

PART 3

各種狀況下的實踐案例：
將商業模式創新運用於
提升個人技能的範例

介紹如何將商業模式創新運用於提升個人技能和創業等各種不同狀況當中。

PART 4

設計並執行商業模式

為了充分理解並執行商業模式，必須充分掌握設計的過程，並謹記商業模式運作的原則，確認業務是否走在原本規劃的軌道上。

PART 5

透過各種技巧
靈活運用BMG商業模式圖

介紹能讓商業模式創新更加有效的各種技巧和建議。

PART 6

商業模式圖的實踐範例

介紹企業、組織乃至個人的填寫範例。若在分析您的企業時遇到瓶頸，不妨參考本章中所列舉的各家公司的事例。

Intro

Part 1

Part 2

Part 3

Part 4

Part 5

Part 6

 那麼，首先就讓我們來理解這張藍圖的結構吧。

己方的活動和成本			客戶與收入	
KP 關鍵 合作夥伴 	KA 關鍵活動 	VP 價值主張 	CR 顧客關係 	CS 目標客層
	KR 關鍵資源 		CH 通路 	
C$ 成本結構 			R$ 收益流 	

整張藍圖以「價值主張」為中心，分成左右兩側。

藍圖右側與客戶和收入相關。左側則與己方的活動與成本有關。

商品的價值在於「**能夠為客戶提供什麼**」＝（價值主張）對吧。

整張藍圖都以上面提到的價值主張為中心，分成左右兩個半邊，結構相當簡潔易懂。

這樣誰都可以一看就懂。

還滿簡單的嘛。可是，用這張圖到底可以做什麼啊？

簡單！

Intro

Part 1

Part 2

Part 3

Part 4

Part 5

Part 6

三分鐘搞懂 商業模式創新

首先，這張藍圖可以讓不分年齡與職業的所有人，

都能夠透過**相同的溝通工具**參與討論。

這是商業模式圖的優點。

也可以用於公司**內外簡報**的場合！

原來如此！

這也可以用在我們公司的會議當中。要是早點知道這個就好了……

可是，如果只是要**分析現狀**，把細節都列出來不就好了嗎？

還有更多好處喔！

不只是可以用來分析現狀，還可以進一步「檢驗」與「修正」！

KP	KA	VP	CR	CS
	KR		CH	
		R$		

例如，
將現狀寫在粉紅色的便條紙上。

另外加上寫著待改善事項的便條紙。

也就是說，這張藍圖不僅有助於分享業務的流程，還相當適合用來分析如何加以改善！

Intro

Part 1

Part 2

Part 3

Part 4

Part 5

Part 6

透過反覆「檢驗」與「修正」，可以從中累積經驗。

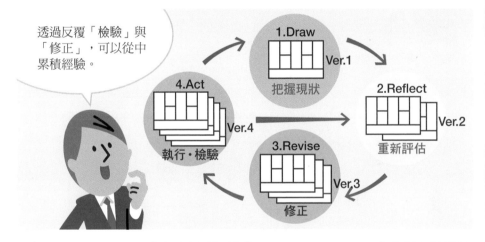

1.Draw　Ver.1　把握現狀

2.Reflect　Ver.2　重新評估

3.Revise　Ver.3　修正

4.Act　Ver.4　執行·檢驗

不過，真的只要用這九個要素就能描述出所有的商業模式嗎？

這**九個區塊**分別是由什麼樣的要素所構成？

這和至今為止我們所套用的商業模式相比，不會顯得太簡化了嗎……？

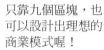

只靠九個區塊，也可以設計出理想的商業模式喔！

悶悶沒！

為了讓各位能夠了解藍圖的結構，就讓我們從**當運用藍圖檢驗既有模式時該如何填寫**開始介紹起吧。

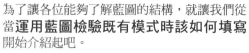

先從右半邊開始介紹。

推薦的順序如下

| 1.CS（目標客層） | → | 2.VP（價格主張） | → | 3.CH（通路） | → | 4.CR（顧客關係） |

仔細填入**1-4**號的內容，便可清晰掌握**R$（收益流）**，讓商業模式得以確立。

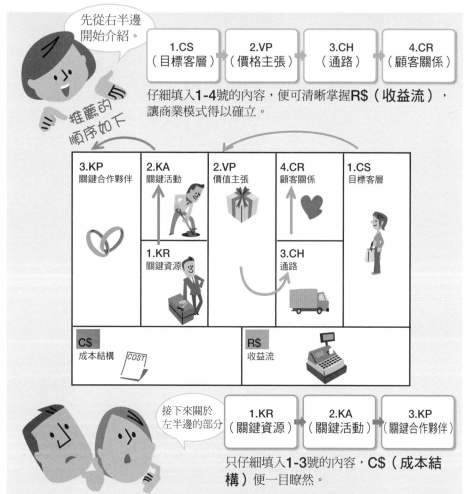

3.KP 關鍵合作夥伴	2.KA 關鍵活動	2.VP 價值主張	4.CR 顧客關係	1.CS 目標客層
1.KR 關鍵資源	3.CH 通路
C$ 成本結構 COST	R$ 收益流

接下來關於左半邊的部分

| 1.KR（關鍵資源） | → | 2.KA（關鍵活動） | → | 3.KP（關鍵合作夥伴） |

只仔細填入**1-3**號的內容，**C$（成本結構）**便一目瞭然。

Intro

Part 1

Part 2

Part 3

Part 4

Part 5

Part 6

漸漸懂了之後……

開始有點想要實際填填看藍圖了呢！

今津小姐在這本書（《獲利世代實戰演練入門》）中，都寫了些什麼呢？

內容是？

有了這本書，各位就算突然遇到難以分析的狀況，也可以參考其他公司的事例喔！

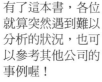

豐富事例！

樂天市場的商業模式圖

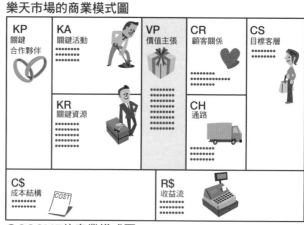

KP 關鍵合作夥伴	KA 關鍵活動	VP 價值主張	CR 顧客關係	CS 目標客層
	KR 關鍵資源		CH 通路	
C$ 成本結構 COST		R$ 收益流		

@COSME的商業模式圖

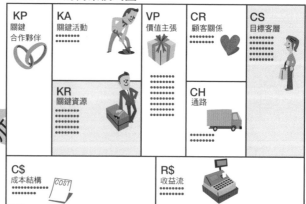

KP 關鍵合作夥伴	KA 關鍵活動	VP 價值主張	CR 顧客關係	CS 目標客層
	KR 關鍵資源		CH 通路	
C$ 成本結構 COST		R$ 收益流		

原來如此。
那透過樣本有了初步了解之後呢？

就請大家盡量自由地填寫愈多藍圖愈好！
這是設計商業模式的第一步！

也就是說，只要填得夠多設計起商業模式來就能得心應手了，是吧？

光是填寫是不夠的喔。
反覆檢驗和修正的工夫也是少不了的。

「檢驗」→「修正」
反覆執行此步驟亦很重要

檢驗　　修正

最後，在與各種不同立場的人合作，或想要採納不同意見時，建議可以召開討論會。

本書也說明了舉辦討論會時的訣竅。

請大家務必要嘗試。

Let's Try!

好啊！馬上就來試試吧！

想要進一步了解商業模式創新的人請繼續往下看！→

Intro

Part 1

Part 2

Part 3

Part 4

Part 5

Part 6

由「商業模式圖」之父親自解說
《獲利世代》的誕生背景

《獲利世代》作者專訪

受訪人：伊夫・比紐赫先生
（Yves Pigneur）
採訪：今津美樹

伊夫・比紐赫（Yves Pigneur）

比利時那慕爾大學博士。洛桑大學資管系教授。兼任美國喬治亞州立大學、香港科技大學、不列顛哥倫比亞大學客座教授。同時也擔任學術期刊《Systemès d' Information and Management（SIM）》的總編輯。暢銷世界各國的《獲利世代》為其與亞歷山大・奧斯瓦爾德（Alexander Osterwalder）合著。
http://hecshost.unil.ch/ypigneur/

《獲利世代》是如何誕生的？

今津：《獲利世代》這本書從寫作的過程開始，便和一般的出版品相當不同。是否能請您和我們分享一下，您是如何想出這本書的核心——「商業模式圖」的呢？

伊夫：在九〇年代網路泡沫時期，我親眼見證了許多人投入網路領域創業。當時，我所任教的工程學院並未設有專門探討經營相關領域的課程，因此很多學生主動來向我請教如何撰寫創業計畫。在過程當中，我發現在給予學生們建議時，往往就是那幾個特定問題。於是，稍加著手統整後，便為這些問題整理出九個共同要素。這便是現行「商業模式圖」的基礎。

今津：您又是如何構思出《獲利世代》這本書的呢？

伊夫：「商業模式」這個詞如今常被社會大眾掛在嘴邊，不過原本它是專門用來廣泛指涉電子商務領域，並沒有一個固定的模型或是標準化的定義。所以，我便建議當時還是我的學生的亞歷山大*以商業模式做為研究課題。

研究過商業模式的概念之後，便不難發覺其中包括了許多錯綜複雜的關聯性和思維。亞

歷山大的博士論文就以此為主題，而那篇論文也刊載在學術期刊上。於今想來，那應該就是《獲利世代》的構思原點了。

＊BMG學說的核心成員亞歷山大・奧斯瓦爾德。

今津：我想至今仍有許多人把電子商務的收益結構，和「商業模式」混為一談，認為它是一個莫測高深的難解概念。

因此，我認為所謂「商業模式創新」，乃是將原本只有精研此道或受過相關教育的人，才能理解的「商業模式」學說，轉化成一個標準的架構，提供給實際上在進行商業活動的人們，可以說是一個劃時代的工具。

讓藍圖更加深入簡出的歸納過程

今津：「商業模式圖」從一開始就是設計成現在我們所看到的樣式嗎？

伊夫：如同剛才所提到的，一開始我是在提供學生建議的過程中，統整出進行商業活動所需考量的要素，進而製作出藍圖原型。沒多久，這份原型開始受到大學學生、工程師、想要創業的人們注目。直至當時為止，投資人都會等看到明確的業務計畫之後才投入資金；然而透過活用此模式，可以事前便先檢驗各種執行模式，還可以視需要調整業務計畫。

之後，我將原型進一步簡化，其結果便是現行的藍圖。

為了讓商業模式圖便於用來向管理階層進行說明，我讓它的資訊量在透過視覺化的方式

Interview

Part 1

Part 2

Part 3

Part 4

Part 5

Part 6

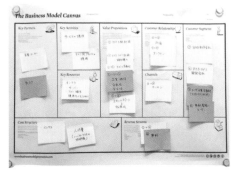

透過九個區塊組成的商業模式圖，結構非常簡單，任何人都能直覺地理解。

統整之後，只需要幾張紙便能解釋清楚。商業模式圖在實際操作上，只需要填寫完九個區塊即可，我認為它是一個任誰都能透過視覺方式加以理解的卓越工具。

今津美樹（Miki Imadu）

WinDo's負責人／科技產業分析師
善用其長年於美商企業中擔任行銷企劃專員的成果，與多達二十國以上的全球經驗，擔任委外行銷公司WinDo's的負責人。經常針對科技產業行銷的主題，進行演講與企業研習，同時也以科技產業分析師的身分參與廣播節目、進行著作、解說、書評等。取得《一個人的獲利模式》日本代理權，並與原作者提姆・克拉克（Timothy Clark）一起於日本推廣「Business Model You」的理念。現亦擔任明治大學Liberty Academy講師。

當初沒想到《獲利世代》竟然會大暢銷

今津：《獲利世代》風行全球，不只在世界各地獲得廣大迴響，在日本也有非常出色的成績。請問在寫作這本書方面，是否有任何訣竅呢？

伊夫：我想，主要的成功因素有兩個。首先，書的內容本身相當吸引人。我在書中大量使用圖表，提供實證性極高的內容，因此才得以吸引許多人的注意。另一個因素，在於這本書獨特的成書背景。在幕後支持本書誕生的社群，便直接成為傳遞本書口碑的得力幫手。

正如各位所知道的，《獲利世代》這本書中以核心成員為首，採納世界各地人們的點子，並且是在和社群交換意見下，才得以出版。本書起初採自費出版模式，在銷量超過一萬五千本後，開始引起出版商的注意，促使其主動向我方表示想要協助出版的意願。也就是說，本書在推廣上的方法與路徑，都和傳統的出版品完全不同。源自社群的口耳相傳，匯聚成一股龐大的動能，使得本書除了學生讀者之外，在創業者之間也被交相傳閱。

我和亞歷山大雖然對於《獲利世代》的內容相當有自信，但由於我們兩個在企管書籍領域中可說是沒沒無聞，所以連想都沒想過這本書會如此受到歡迎。本書能夠因為種種因緣際會而得以出版，真的是件相當幸運的

事。所謂企管書籍，上市後暢銷與否，往往很快就會有個結論。因此，當時主動找上我們的出版社，對於全彩出版的要求也是面有難色。不過，看到在自費出版過程中創下的成績後，我們更堅定地想要將優質的書籍內容提供給更多讀者；因此，特地在設計和視覺呈現上投注心血，讓全書維持和自費出版時一樣的品質上市。

原著在進行商業出版時，仍維持和自費出版時相同的品質。

重拾書寫的樂趣！建議將點子用大大的字寫下來！

今津：據說您推薦大家使用手寫和便條紙等，來填寫商業模式圖。然而，現在數位工具這麼普及，您覺得使用上述這些傳統工具的優點在哪裡呢？

伊夫：使用傳統工具的優點在於，不論何時何地都可以想到就寫，就算只是一面白板或一張白紙都可以派得上用場。即使電腦和平板都不在手邊，只要有能夠書寫的工具就可以進行；我認為這樣的方便性就是最大的優點。

此外，用手寫的另一個優點，我認為是在一筆一劃寫下來的過程中，字體愈大，愈容易留意到原本沒想過的部分，從而激盪出好點子。在交換各式各樣的意見和看法時，讓所有人站起來一邊看著共同表格，一邊進行的方式，是非常有效的。一個五、六人的團隊要討論事情時，最好的辦法不就是把一切攤在一面牆上進行討論嗎？

我個人希望將來在辦公桌上的工作，可以移到牆壁上來進行。當然，使用電腦輔助還是有其優點。若想一邊計算銷售額等數據，一邊修正藍圖，或是希望藍圖的內容能隨著資料同步變化，使用數位裝置也是不錯的方式。iPad版的商業模式圖App目前一年大約有三萬名使用者，我想那應該相當適合用於由少數人進行討論，以及想要模擬實際狀況時使用。此外，若能透過網路整合ASP服務，還可以用遠端共享的方式，進行遠距離討論。

iPad版商業模式圖App一年約有三萬名使用者。適合用於由少數人進行討論，以及想要模擬實際狀況時使用。

關於海外採納商業模式創新的傾向

今津：據說「商業模式創新」受到許多企業與組織高度評價，紛紛加以採用。在日本方面，自從《獲利世代》日文版上市以來，此技巧也逐漸被用於創業者的研習與大學課程當中。是否請您和我們分享一下海外的狀況呢？

伊夫：最早開始對「商業模式創新」技巧趨之若鶩的，是年輕一輩的創業家們。在那之後，專門提供這群年輕創業家指導與諮詢的講師與顧問人士，也開始逐漸注意到這個技巧。

如今，以通用電氣公司（General Electric）為首的大企業，也開始採用本方法。就連在企業中擔任CEO與CIO職位的人，也為了重新評估自家公司的商業模式，而開始積極使用商業模式圖。此外，更有許多學校與企業使用本書做為訓練設計思考（design thinking）用的教科書。我想這個技巧今後在實踐層面上，將會有更大的發展。

今津：融合了史蒂夫・布蘭克（Steve Blank）所寫的《創業者的教科書》中的理論，同時採納客戶解決方案模式（customer development model）、商業模式創新與敏捷開發等理論的課程與實戰討論會「精實創業平臺」（Lean Launch Pad）在日本也備受矚目。請與我們分享這個課程在海外的狀況。

Interview

Part 1

Part 2

Part 3

Part 4

Part 5

Part 6

伊夫表示：「最早開始對『商業模式創新』技巧趣之若驚的，是年輕一輩的創業家們。在那之後，專門提供這群年輕創業家指導與諮詢的講師與顧問人士，也開始逐漸注意到這個技巧。如今，各大企業也開始採用本方法。」

伊夫：將史蒂夫的方法融入商業模式圖之後，可以讓整個設計流程中具備測試的階段。他所提供的是檢驗方法，而我所提供的是商業模式的設計階段，兩者剛好可以互補為一個完整的流程。

特別是在價值主張（Value Propositions）方面，精實創業理論的概念雖然相當明確，但因為商業模式圖在詳細區分各流程間差異方面更簡明易懂，因此在兩者互補下，將使整個設計過程更加完善。

此外，產品本身並無法保證企業的成功與否。也就是說，只有優質的產品，並不表示事業便肯定能成功。因此，為了驗證顧客真正想要的是什麼，我們才會需要像商業模式圖這樣的工具。

透過在各式各樣的
商業活動現場進行研究
持續發展的「商業模式圖」

今津：「商業模式圖」今後想必仍會持續改良。您覺得將來會朝哪個方向發展呢？

伊夫：我正透過各國的討論會研究大量的商業模式，並且從其中歸納出幾種想法。

舉例來說，在研究過程中，我們發現有的企業只具備一種商業模式，但也有在內部匯聚了數種不同商業模式的企業。當我們要描述這樣的企業時，就必須以彙整了所有商業模式的集合體的角度來看它。

此外，有時也會有數家企業共享同一種商業模式的情況。有時為了改進自家公司的商業模式，甚至必須採納其他公司或合作夥伴的運作模式，才能有所變革。我認為這樣的商業模式今後將會愈來愈多。

至於商業模式圖，想必也會隨著針對實際的商業模式進行研究的腳步，而有所進展與演進。

今津：我在日本也曾針對企業辦理過討論會，並且常常對一些新的服務模式和商場上的變化感到驚喜。請問您個人有沒有什麼特別感興趣的商業模式呢？

伊夫：我目前特別有興趣的是社群商業模式。這是為了解決社會問題而形成的商業模式，近年來正備受矚目。

有一間叫做frugal-innovation的企業，專門針對非洲的貧民區提供小型面板組成的太陽能電池。這些太陽能電池所提供的電力，將可使得在欠缺電力基礎建設的地區，也能使用

手機等設備。

在初步設計商業模式的階段，要評估如何對其他國家提供服務時，商業模式圖就能夠派上用場。類似這樣的例子還有很多，我也持續聚焦在社群商業模式上進行研究，

或許我的下一本書會以「社群商業模式」為主題。

frugal-innovation官方網站
網址：www.flugal-innovation.com

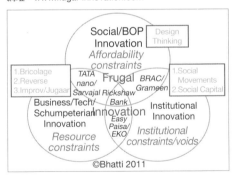

參考資料　以frugal-innovation公司的「Theory of Frugal Innovation」為基礎製圖。

創業時最重要的是鍛鍊設計思考與決策能力

今津：《獲利世代》在世界各地也有許多讀者，請您對有心創業的讀者們說幾句話。

伊夫：首先，有優秀的產品，並不代表就一定會成功。許多企業往往傾向透過性能和品質俱佳的產品，與競爭對手進行差別化；然而，近年來的潮流逐漸偏向以服務導向的觀點為主，也就是將所有業務和產品都歸納為「服務」。如果只是著重於產品本身的功能和性能，而不去思考顧客購買該產品需求的價值是什麼，將難以在全球化的商業競爭中勝出。

因此，設計思維將是創業時非常關鍵的特質。而在設計並測試商業模式的過程中，能夠順應情況做出決策，也是非常重要的。

思考設計時，在決定所有組成要素之前，請務必記得先透過原型進行測試。「商業模式圖」就是為了協助這種設計思考過程，而開發出來的。

「商業模式創新」技巧業已獲得許多企業的實踐與正面評價。請各位讀者也能試著實際運用在自己的事業當中。

伊夫：「若不思考顧客購買產品時尋求的價值是什麼，將難以在全球化的商業競爭中獲勝。請善用商業模式圖協助自己思考設計。」

Interview

Part 1

Part 2

Part 3

Part 4

Part 5

Part 6

Interview FILE 01

用來做為開發新產品時進行評估用的共通格式

企業實地專訪1
KOKUYO
股份有限公司

訪問者：今津美樹

為了探討如何將試做的會議輔助工具用於商業用途，而使用商業模式圖進行討論。在公司內部專用的網路服務中開設藍圖，用來分享、討論想法與分享相關資料。

KOKUYO的RDI中心是從Research、Development、Incubation各取第一個字母為名的組織，專門針對次世代的工作方式與學習方法進行研究，努力為KOKUYO集團，創造足以成為成長原動力的新價值。

「RDI中心的任務，是在不受限於既有客群和價值觀的限制，努力創造新的價值，並提出能夠獲取新客群的企劃案。由於我們必須指出現行業務所缺少的部分，或提出一個新的可能性，因此得跳脫當前業務的價值觀，針對新的主題和課題進行研究。而在評估新

業務的提案時，中心內部便使用商業模式圖做為共通的溝通格式。」曾根原先生如是說。

能夠用於設計出實踐性極高的商業模式

「在採用商業模式圖之前，首先透過公司內部研習和團隊討論會的方式，加深成員對商業模式創新理論與藍圖填寫方式的理解。如今在評估新業務的提案時，我們一概使用商業模式圖來進行。

將藍圖實際運用在『會議輔助工具』的企劃

稲垣　敬子
（KEIKO INAGAKI）／
KOKUYO・RDI中心
二〇〇九年四月進入
KOKUYO股份有限公司
後，任職於RDI中心。主要
研究改善辦公室的五感環
境、節省能源相關的評估方
法，以及能夠增進工作者效
率的空間、IT・輔助工具相
關的主題，負責研究與拓展
新事業的工作。

案當中時，我們試著就原型的試用結果，和
來自客人的意見訪談所獲得的成果，為該工
具歸納出多種的顧客價值，並在藍圖上模擬
各種不同的價值，能運用在什麼樣的業務
上。此外，也在藍圖上確認各種不同價值的
業務規模，及其與現有業務之間的契合度，
以做為篩選的參考。在評估新業務時，必須
和各部門進行討論。此時，用商業模式圖當
作一個有形的共通語言，是非常有效的方
法。另外，由於用電子郵件之類的工具來管
理複雜的溝通內容與過程，難免力有未逮，
因此我們也善加利用自家公司開發的工具軟
體，透過電子格式共享商業模式圖，供成員
隨處存取。」

商業模式圖的魅力
在於不需要深厚經驗也能上手

根據稻垣小姐表示，採用商業模式圖的另一
項優點，是有助於商場經驗尚淺的成員有發
揮與成長的空間。

「拿我自己來說，儘管我進公司不過幾年，
還沒有什麼實務經驗；但透過藍圖仍能有效

地理解公司和組織所在進行的業務內容。此
外，在開發新產品方面，也需要和在部門，
以及擁有豐富經驗的事業部之間斡旋。在善
加運用商業模式圖之下，我們不只可以及早
共享業務中的重點，和需要留意的地方，當
遇到不懂的地方或需要解決的問題時，藍圖
也能做為用來正確提出問題用的共通語言才
是。

另一方面，有時當產品或服務從企劃階段轉
而實用化之後，負責的部門也會隨之更動。
這種狀況下，企劃草創時期的想法、需要的
人脈、人才相關資訊，往往會難以傳承。
因此，我們希望將來本公司中專案的異動履
歷、相關文件和資訊來源等，與該業務有關
的資訊，都與商業模式圖緊密連結，讓專案
不管在哪一個階段下，積累於其中的相關想
法與人脈都能延續下去，以更加有效率地加
以運用。我們也同樣希望能夠將在自家公司
中運用上述方法的經驗，廣為介紹給客戶，
創造出新的工作與學習方式。」

曾根原　士郎（SHIRO SONEHARA）／KOKUYO家
具股份有限公司　企劃總部
自二〇一三年一月起於該公司新事業開發室任職。直至
前一年為止都在RDI中心裡，透過商業模式圖進行研究
與規劃新業務。二〇一三年起，根據研究成果著手草創
新的網路服務。

Interview

Part 1

Part 2

Part 3

Part 4

Part 5

Part 6

由一張表格組成的商業模式圖
非常簡明易懂

企業實地專訪2
**富士通
股份有限公司**

訪問者：今津美樹

繩田　晴秀（HARUHIDE NAWATA）／整體行銷總部
　人力資源開發部　經理
在建構金融‧物流領域專用的系統方面，累積二十餘年
的經驗後，以兼任形式獲派前往負責物流領域資訊系統
的公司六年。自二〇一二年起就任現職。現在除於富士
通集團中負責系統工程師認證與職涯規劃外，也致力培
育符合次世代客戶需求的人才。

從按部就班的思考流程
轉變為設計思考

富士通全公司上下，都正積極地進行結構改
革。在這樣的風潮當中，系統工程師們除了
開發系統的本業之外，也開始拓展活動領
域，為現正提供的服務尋找附加價值。

「在我們所做的努力當中，我認為最重要的
是『拓展系統工程師的活動領域』和『促進
技術人員對顧客的業務領域之理解』。在培
育足以面對今後市場競爭的技術人員時，上
述兩項是至關緊要的重點。」（中島先生）

至今為止，為了順應資訊領域日益高難度
化、複雜化的趨勢，富士通一直在嘗試活用

富士通在培育人才方面的思維

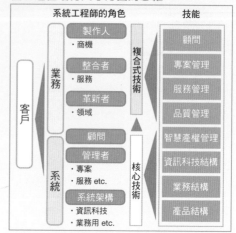

根據人才特質分化出不同技能與團隊角色之間的關係
後，再按照個別活動領域（以系統開發／業務為主
軸）來加強技能並進行培育。

公司內部的顧問技術和組織架構，透過能強
化專業分工技術的職涯教育課程，來針對部
分專業職種，提供針對客戶的事業‧業務型
態進行分析的課程。

然而，隨著上述做法的必要性日漸提升，我
們也逐漸體認到，應該要讓每一名在設計最
前線的系統工程師，於不妨礙到日常主要業
務的前提下，能夠學會在短時間內掌握、分
析客戶事業型態的技巧。

「過去在富士通內部，在解決問題時主要
採用流程式的思考架構。然而，在SaaS
（Software-as-a-service，軟體即服務）與雲

Interview

Part 1

Part 2

Part 3

Part 4

Part 5

Part 6

端服務日漸普及下，我們也開始摸索轉換為能更加容易套用到服務模式中的設計思考。當我們在搜尋無須高深知識與技術也能輕易縱觀整體業務的工具時，找到的便是商業模式創新（BMG）技巧。當時，我們就覺得這應該會對我們有幫助。」（中島先生）

「剛接觸到商業模式創新技巧時，由一張表格組成的商業模式圖，便讓我覺得非常簡明易懂。在舉辦討論會時，雖然我們直接就被要求試著填寫藍圖，但卻也能填得有模有樣，讓我確信這是一個能夠簡單導入公司內部的解決方案。為了把業務視覺化，以供全盤檢視過程中所需花費的時間與心力，留給其後進行的腦力激盪，我認為理想的統整工具就應該要像這樣簡單易懂。在填寫商業模式圖時，我們必須以『價值主張』為核心，用可視化的格式透過九個區塊來視覺化地表現業務。這種做法也恰好適合用來檢視整體業務中各種參數（商業條件）的變化。這恰巧與程式設計中的『物件導向』概念不謀而合，對於技術人員而言十分親切。我想這也是它能夠很快獲得內部人員理解與認同的原因。」（繩田先生）

希望能培育出比客戶更加深入思考其業務的技術人員

「採納BMG技巧的最大目的，不是在學會如何填寫商業模式圖，而是希望系統工程師們能夠自力統整客戶的業務特質，並且在過

程中了解到若九個區塊中的參數（商業條件）發生變化時，將會對整體價值有何影響，進而思考自己身為系統工程師能做的是什麼、該朝哪個方向努力。就最終目的而言，我們希望以運用BMG技巧做為契機，培育出能趕在從客戶口中說出需求之前，就能準備好數個腹案，進而提出最適切解決方案的工程師，成為能夠針對客戶的業務提出比客戶還要合適方案的人才。」（中島先生）

「一直以來，敝公司都遵循著IPA（日本資訊技術促進機構）的資訊技術標準等，實施加強員工技能的教育課程。然而，從另一方面來看，今後我們也必須加強員工所扮演的各種『角色』。我們的目標是培育出各種最高水準的資訊領域人才，如能夠從商業的實用觀點，來為整體系統提出最佳化與改善方案的『業務製作人』、『領域革新者』、『服務整合者』等。」（繩田先生）

中島　充（MITSURU NAKAJIMA）／整體行銷總部
　人才開發部　部長兼通用技術總部資深經理
曾任製造業‧金融業‧物流業的業務用系統工程師。從一九九四年加入超級電腦的研發計畫。從網路黎明期便致力於服務／商務的創立、開發與運用。自二〇〇六年起轉任現職，投身於培育人才。

追求活化流動性的
人才與組織

企業實地專訪3
**日商SEC
股份有限公司**

訪問者：今津美樹

在討論會時積極交換意見。以主任以上的管理職為中心，橫跨各部門集合約四十名參加成員。在集體討論時，由於成員來自不同部門，往往有機會獲得各式各樣的新發現。

為了活化人才而採用新模式

SEC的總公司位於北海道函館，主要提供承接資訊處理、資訊通訊領域的外包專案、網路服務供應商、整合系統等服務。近年來由於資訊科技領域的普及，也開始在行動裝置、智慧財產權、行動通訊領域的相關軟硬體設計與開發業務方面有所斬獲。

「幸運的是，敝公司的技術人員水準在客戶間有著不錯的口碑。我們雖然一直都在進行提升人員技術的研習課程，不過今後除了技術以外，我們也需要著重人員的溝通能力、加深他們對市場的了解，以求能夠順應業務現場的需求。

另一方面，敝公司於函館創業至今已屆滿四十五週年，人才流動的情況不僅較少，離職率也極低。離職率低對組織而言固然是一大優勢，但同時也夾帶著風險，可能會使組織僵化，讓人才失去流動性。教育已定型為特定業務與職種的人才，使他們得以活用於各種部門，將來可望使人才活性化，並以之做為活用人才的契機。因此，敝公司決定補強研修課程，採用全新模式來力求人才的活性化。」（董事長兼社長　永井英夫先生）

促使討論會的成果
能夠反映在實際業務上

「與首都圈（指以東京為中心的都會區）相比，偏遠地區在分享能在業務現場派上用場

大倉　義孝（Yoshitaka Okura）／資訊通訊事業總部
執行董事兼副總部長
一九八五年四月起於株式會社MITSUBA開發巡航控制
器等電子製品。一九九六年八月起返回函館，進入SEC
股份有限公司後，負責開發嵌入式系統產品，並於二〇
一二年起，就任資訊通訊事業總部執行董事兼副總部
長。

Interview

Part 1

Part 2

Part 3

Part 4

Part 5

Part 6

不同之處、各自對商業模式圖的解釋等，可以充當讓多樣性得以發展的工具。當然，僅透過討論會，不足以讓員工馬上將商業模式創新的思維融會貫通。不過，因為他們至今在參與專案的過程中，也曾各自使用在原理上與商業模式圖相當接近的模式，各自進行管理，所以我認為，他們能在將業務視覺化與檢驗的過程中，反映在平日的業務裡。

此外，今後我希望能讓『商業模式YOU』中的個人藍圖，與組織的藍圖之間緊密聯繫，以促進人才運用的彈性與流動化。如此一來，不僅能夠兼顧人才與組織的活性化，也能創造更具成長性的組織。」（大倉先生）

的資訊以及教育機會方面，確實都有一段落差。身為跨足資訊領域業務的企業，我們自然不希望以偏遠地區為據點，反而成為我們的限制。也正因如此，我們才希望能採用世界最新的模式。我們希望能透過讓員工接觸到商業模式創新的思考模式，讓他們突破技術人員的侷限，成為能從經營者的角度柔軟地進行思考並採取行動的人才。

於是，我們馬上請到同樣為函館出身的今津小姐當講師，針對主任以上階級的管理職，舉辦商業模式創新的討論會。在討論會當中，平時比較沉默寡言的技術人員，也紛紛展現出主動交換意見的一面，讓我覺得這樣的做法相當值得期待。此外，我也覺得這樣的方法，很適合用來摸索出各部門間想法的

屬於每個部門的商業模式圖大功告成。在討論會後半，幾乎所有參加者都積極發言提出意見，並進行簡報。

Tuto

PART 1

基礎知識解説

rial

商業模式創新的基礎知識

□ 商業模式圖

匯集全世界的經驗所完成的最新商業模式設計技巧

一聽到「商業模式」這個名詞，能夠馬上對它做出明確定義的人，我想畢竟屬於少數。一直以來，在業務進行的過程中，要描述「組織是如何運作的」是件非常困難的事，要對商業模式有共通的認識也並不容易。不過，「商業模式圖」（參照《獲利世代》）將至今為止對「商業模式」的各種論述，統整為一張A4篇幅的簡單架構，使其成為一個兼具劃時代與實用性的標準。書籍出版後的銷量現已超過二十萬冊，也已翻譯為二十二國語言在全球上市；這個銷售數字以商業書籍而言，可說是空前佳績，獲得了各界的注目。以IBM、ERICSSON（愛立信）和底特律與加拿大政府為首，已在全世界多數學校、企業組織中獲得實證。

組織中必定存在著商業模式

在商業模式創新的理論中，一般認為任何企業與組織中都存在著商業模式。也就是說，您所身處的組織接下來計畫要進行的業務，其中一定也有著商業模式。所謂的「商業模式」，簡單來說便是一個組織的「設計圖」，用邏輯化的圖示來描述組織如何創造價值並送至顧客手中。至於本書的定位，則是協助讀者將此一視覺化的設計圖「商業模式圖」，運用在實務上的教戰手冊。若能得心應手地運用商業模式圖，將可以用視覺化的格式，針對各式各樣的狀況，來重新評估和改善現行的商業模式，和別人溝通起來也會更加容易。也就是說，商業模式圖可說是一個世界共通的規格，讓人們不論在何時何地都能夠討論眼前的商業模式。

Part 1

Part 2

Part 3

Part 4

Part 5

Part 6

來自世界各地的登錄會員
提供各種關於商業模式的點子和經驗法則

《獲利世代》的成書過程本身就很與眾不同，是從對商業模式的實踐經驗中誕生的。線上社群起初以五名靈魂人物為中心，後來擴大至全球四十五個國家約四百七十人以上的規模，才使得全書得以出版。所有運用商業模式思維與商業模式圖進行規劃的行為總稱，即稱為商業模式創新（Business Model Generation, BMG）。世界上的各種商業模式固然包羅萬象，但對其中較為典型者加以統整之後，也不難歸納出其中的共通點。本書將會把這樣的操作，以標準流程的形式進行介紹。

商業模式就像是組織的「設計圖」

如同建造建築物時必須先繪製設計圖一樣，要創業之前，也得先設計好商業模式才行。同時，組織中擔任管理職務的人，為了能夠客觀地掌握既存的業務，也必須要能夠畫得出商業模式圖。

商業模式創新的流程和順序

□模式化技巧　□商業模式創新

僅憑事前訂定的計畫已經過時了！商業模式必須「不斷持續設計」

隨著全球化的演進，市場上的競爭愈演愈烈；想要讓業務完全照著事前訂定的計畫發展變得非常困難，應對商機變化時的速度也變得非常重要。因此，在設計商業模式的同時，也加以執行的「模式化技巧」，比起事前制訂好商業計畫並加以實行的做法，更適合用於現今的商場上。

在創投企業等從零開始草創的事業中，一直以來都採用模式化技巧。在想要開創新規事業的階段，一切的條件和環境往往還有欠周全；而一種全新的事業在投入市場後，也會發生各種難以預料的問題。因此，大多時候只能透過一邊執行業務，一邊修正實際產生的問題和課題，以調整事業的走向。這種做法的基本理念，在於設計出數個不同的可能性，然後根據實際狀況選擇出最合適的商業模式並加以實現，也就是「做了再說，走一步算一步」。當然，在這種走一步算一步的狀態下，是難以確實掌握問題所在，並迅速加以處理的。因此，在事前清楚知道己方商業模式在市場上的定位、懂得如何調整組織的商業模式，是非常重要的。正因如此，將可能發生的情況寫在商業模式圖上，並進行評估的手法，才會受到這麼多人的矚目。

商業模式創新講求的是速度

在BMG技巧中，將商業模式定義為「透過邏輯性的敘述，來呈現己方如何創造價值，並送至顧客手中」的一種形式。而將商業模式導向更理想、更容易成功的方向，便是所謂商業模式創新。商業模式創新的終極意涵，在於「為企業、顧客以及社會產出價值」。

Part 1

Part 2

Part 3

Part 4

Part 5

Part 6

透過模式化技巧而得以發揮其真正價值的商業模式圖
從數種商業模式中找出最佳選擇，並投入商場檢驗

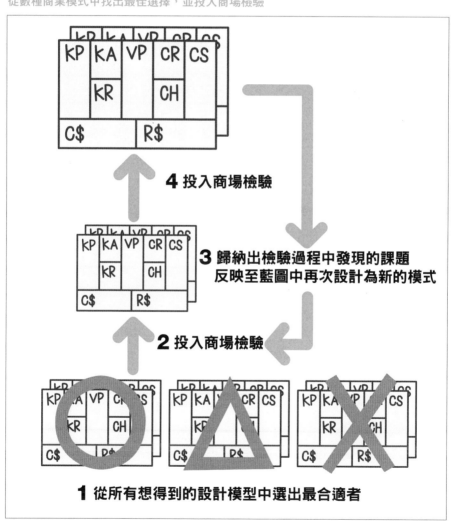

親自嘗試四個基本步驟

□商業模式圖　□四個步驟（Draw Reflect Revise Act）

簡單且直覺的BMG技巧「商業模式圖」

在過去，「商業模式」一直都只是少部分經濟學專家進行討論時所使用的概念，因此如何描述商業模式一直是個難題。就算在今日，由於龐大的組織往往有各種不同面向，一般人想要掌握組織的整體面貌，也會覺得是件大工程。不過，由於BMG技巧以簡單且視覺化的商業模式圖做為共通的溝通工具，正快速獲得許多組織採納，逐漸成為一種世界共通標準。由於在BMG技巧中常常用到的商業模式圖用紙筆即可畫出，非常適合用來直覺式地分析組織結構。在執行業務的現場，太過困難的工具並沒有太大意義，唯有實際能用的東西才具有實用性。由於只要有紙筆便能畫出商業模式圖，也讓團隊成員只要手拿便條紙和白板筆就能加入討論，以加深團隊對於商業模式的理解、討論、創造與分析，是非常實用且有效率的一種工具。

用四個簡單步驟畫出您的商業模式圖

常常有人對我說，他們就算想要立刻採用BMG技巧，也不知道該從何處做起。對此，我的建議是先不要急著思考複雜的理論，直接從畫出一張在BMG技巧中使用的工具「商業模式圖」開始。

遵照下列四個步驟做起，就能讓您快速理解到這種技巧的精髓：

（1）Draw：把握現狀（將當下的商業模式畫在藍圖上）

（2）Reflect：重新評估（檢討現狀是否得宜、歸納出課題與問題所在）

（3）Revise：進行修正（將創新〔改善〕的項目修正‧反映至藍圖上）

（4）Act：執行‧驗證（將透過藍圖模式化的內容，投入事業現場實地執行‧驗證）

Part 1

Part 2

Part 3

Part 4

Part 5

Part 6

繪製藍圖的流程

設計流程	執行方式
Step 1 Draw **把握現狀**	明確定義欲描述的事業組織、專案等,統整成一張商業模式圖,以供確認專案目的、整體描述商業模式,並進行設計、分析和討論。
Step 2 Reflect **重新評估**	蒐集顧客、技術、環境等相關知識與資訊。同時也需衡量採取訪問專家、研究潛在客群等行動,以找出需求、課題與問題所在等。
Step 3 Revise **進行修正**	將商業模式原型調整為能夠用來調查與測試,在重新評估階段中獲得的資訊和點子。在修正藍圖的同時,選擇最合適的商業模式。
Step 4 Act **執行・驗證**	執行選擇的商業模式,並持續監控商業模式的發展,已建構出能夠持續評估、隨機應變的管理體制。

理解商業模式圖的基礎原理和填寫方式

□九大區塊

開發出商業模式圖的伊夫・比紐赫先生任教於大學理工系。由於許多在該校就讀的創業家紛紛向他請益，使得他在提供建議的過程中，察覺到許多事例間存在著共通問題。於是，他開始認為「將創業時需要注意的重點加以歸納，便可以做出一份像是待辦事項備忘錄的格式」。之後，他再將此格式陸續加以改良，其最後結果就是今天我們所看到的、簡單易懂的視覺化商業模式圖。

構成藍圖的九種要素

商業模式圖由橫跨四個領域（顧客、價值主張、設備、資金）的九大區塊所構成（組成藍圖的九種要素，正確應該稱為「組成區塊」，在此簡稱「區塊」）。

若以商業模式圖做為溝通時的共通工具，可以輕易地描述、分析與設計商業模式並和他人分享，便於訂定新的策略。此外，寫在藍圖上的商業模式，包括了組織結構、流程與系統，可直接做為制定策略的參考。

例如，在討論會中進行討論時，只要印出一張大一點的藍圖，便能充當一切討論的基礎。團隊成員可以使用便條紙和白板筆，一起加入起草內容的行列，針對商業模式的內容要素進行討論。建議可以用厚紙板或白板來當作表格的底圖，欲在各區塊中新增要素時，則先寫在便條紙上，再貼入區塊中。

盡量使用簡潔的詞彙，可以讓您的藍圖更加簡單易懂。通常建議在一張便條紙上最多寫上四項要素，供團隊在討論的過程中隨時貼上或自藍圖上移除。

Part 1

Part 2

Part 3

Part 4

Part 5

Part 6

藍圖（商業模式圖）

KP 關鍵合作夥伴	KA 關鍵活動	VP 價值主張	CR 顧客關係	CS 目標客層
⑧	⑦ KR 關鍵資源 ⑥	②	④ CH 通路 ③	①

C$ 成本結構 ⑨	R$ 收益流 ⑤

www.businessmodelgeneration.com

出處：《獲利世代》

⑥ Key Resources：關鍵資源*
填入為執行商業模式所需的資產。除了實體資產外，也包括智慧財產、人力資源等。

⑦ Key Activities：關鍵活動*
填入能夠不斷創造價值，並提供給顧客的重要活動。

⑧ Key Partners：關鍵合作夥伴
填入組織在運作時至關重要的合作夥伴。

⑨ Cost Structure：成本結構
填入事業在營運時特殊且必要的成本。

① Customer Segments：目標客層
構成組織存在理由基礎的最重要要素。定義組織所面向的顧客族群。

② Value Propositions：價值主張
透過何種產品和服務來解決顧客問題，並滿足其需求。

③ Channels：通路
敘述如何與顧客交流以遞送創造出的價值。

④ Customer Relationships：顧客關係
敘述企業與特定顧客族群間有什麼樣的關係。

⑤ Revenue Streams：收益流*
填入組織自顧客族群中獲得的收入流向。若為非營利團體或提供免費服務，本區塊可能會為零或負值。

＊商業模式創新為收益流、關鍵資源、關鍵活動這三個的表現。

填寫藍圖各區塊時的
思考方式　其一

□目標客層　□價值主張　□通路　□顧客關係　□收益流

那麼，接下來就讓我們來整理一下該如何填寫各區塊的內容：

❶目標客層

在目標客層的區塊中，必須定義出與企業和組織相關的顧客族群。不管是怎麼樣的組織，一定都有顧客存在。為了滿足顧客，必須先將顧客的共通需求、行為、態度填寫在這裡，以不同的族群為單位加以描述，才能方便找出我方應該著重於哪一個客層、哪一個客層的優先度可以調低等。在設計商業模式時，一開始請先決定目標客層，然後站在顧客的立場分析他們的需求。

以下舉出分別描述不同客層後，會比較容易進行分析與評估的例子：

- 需要有別於一般通路才能觸及顧客時
- 需要有別於一般技巧才能與顧客建立關係時
- 客層間的收益性落差甚大時
- 令顧客支付金錢的部分（價值）之間有所差異時

❷價值主張

在價值主張的區塊中，需要填入目標客層希望我方為其解決的問題。將此區塊的內容，想成是能夠創造出價值的產品或服務，會比較容易理解。填寫時，必須思考顧客想要向我方尋求的價值是什麼，以及顧客為什麼會選擇我方。同時，也要思考我方能提供給顧客的利益。

關於各區塊的內容

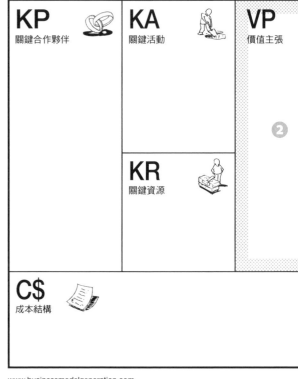

www.businessmodelgeneration.com

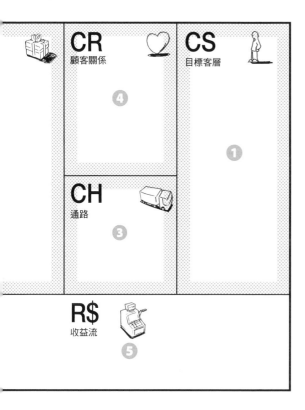

Part 1

Part 2

Part 3

Part 4

Part 5

Part 6

所謂的「利益」，未必就是具革命性的嶄新價值，即使只是對既存產品追加機能等，也可以寫在這裡。

近年來，常有顧客從原本企業所欲提供的價值中，意外找出新的價值而使事業得以成功的例子。能否及早察覺這類潛在需求，將成為能否以之做為價值提供給顧客的關鍵。

❸通路

在通路的區塊中，必須填寫如何通知顧客我方正在提供其所需求的價值，以及將該價值送至顧客手中的途徑。這個區塊包含了在行銷步驟中，所謂的認知、評價、購買、提供與售後服務五個階段，是由溝通、物流、銷售通道、售後追蹤與顧客交流的介面。由於是與顧客間的接點，在影響顧客經驗上扮演非常重要的角色。

❹顧客關係

填寫我方希望與目標客層建立和維持怎麼樣的關係、現已構築的關係、需要多少成本、能如何與商業模式中其他要素整合等。

這裡所謂的關係可以涵蓋許多層面，包括面對面、透過電話聯絡等人與人之間的往來，以及自動化的線上服務等。一般而言，在填寫時要留意思考需要透過哪種機制才能獲得、維持並擴大客群，以及如何將更高價的產品銷售給客戶（進階銷售，up-selling）。

❺收益流

在收益流的區塊中，要填寫企業得自目標客層的現金收入之動向。收入減去成本後所得即為利益，可以藉此掌握組織的經濟狀態是否健全。

填寫藍圖各區塊時的
思考方式　其二

☐關鍵資源　☐關鍵活動　☐關鍵合作夥伴　☐成本結構

❻關鍵資源

在關鍵資源的區塊，請寫下商業模式在運作時的必需資產。對所有企業而言，人力、物資、資金、智慧財產權等，幾乎都是不可或缺的資源。同時，也須在其中找出特別重要的主要資源，記載於此。除了具有實體的物品之外，也包括經濟資源、智慧財產權、人力資源等。以製造業為例，如產品以價格低廉、品質優良為賣點，則確保有效率的量產體制與生產線，將是其重點；若是以設計感等產品特質來與同業做區隔的企業，則必須特別注重擁有優秀設計師等人力資源。需要什麼樣的資源，將會隨著商業模式的不同而有差異，因此也會連帶影響到填寫在關鍵資源區塊中的內容。

❼關鍵活動

在關鍵活動的區塊中，請填上組織為了讓商業模式能夠運作，而必須執行的重要活動。在此，請聚焦於為了讓企業能成功經營，而必須執行的重要活動上。和關鍵資源的區塊一樣，在這裡必須填寫的，是在創造價值主張、對市場做出訴求、維持與顧客間關係、提升收益方面，不可或缺的活動。另一個和關鍵資源一樣的特質在於，即使是在相同的業界中，關鍵活動也會因實施的商業模式而有所不同。只要思考一下在追求價值主張差異時最重要的因素為何，就可以簡單地掌握到這個區塊應該填入哪些內容。

藍圖左側＝我方的活動與相關成本

關於各區塊的內容

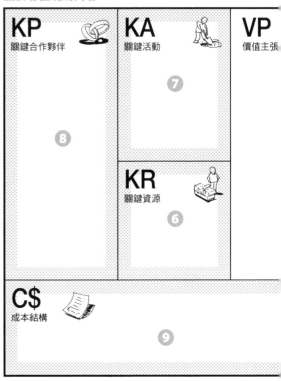

www.businessmodelgeneration.com

Part 1

Part 2

Part 3

Part 4

Part 5

Part 6

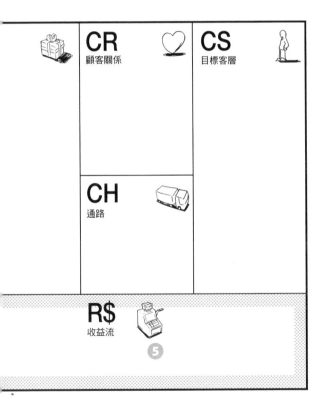

藍圖右側＝與顧客相關的成本

❽關鍵合作夥伴

在關鍵合作夥伴的區塊中，應該填入使商業模式得以成立的供應商和合作夥伴。

讓我們用透過外包（outsourcing）取得資源，與自企業內部取得資源兩種不同的技巧來分析。企業為了最佳化商業模式、降低風險，並取得不足的資源，往往必須締結聯盟。

個人電腦製造商與手機製造商，往往不是在公司內部開發作業系統，而是由軟體開發商處取得授權。而由於日本國內的軟體供應商大多採間接銷售模式，因此銷售代理店就成為其在獲得收入時，不可或缺的關鍵合作夥伴。

❾成本結構

填入在商業模式運作下會產生的重要成本。先定義關鍵資源、活動與合作夥伴之後，會比較容易填寫。

❾成本結構與❺收益流是事業的基礎

從直觀角度來看，位於藍圖中最下層位置的❾成本結構與❺收益流，直接構成事業的基礎。藍圖上各區塊中的要素各自相關，並各具不同的意義。藍圖的右半邊和如何適切地滿足顧客的需求有關，用模式化的方式呈現出獲得收益的過程。另一方面，藍圖的左半邊則整合了資源、活動、合作夥伴之間的合作關係等，需要成本的元素。如有不確定應該分類為合作夥伴或顧客的對象（組織或企業）時，也可以單純藉由我方是從該對象處得到收入，或必須支付其費用來進行區別。

試著畫出自己的
商業模式圖　其一
□商業模式圖的填寫範例

接下來，讓我們依序介紹填寫商業模式圖時的具體步驟。在這裡，我們借用日本著名的二手書籍銷售業者「BOOKOFF」的例子進行習作。

①目標客層：Customer Segments

對BOOKOFF而言，最重要的目標客層，自然就是購買二手書的人了。此外，還有一個頗具特色的目標客層，就是賣出二手書的人。由於兩者特質不同，所以分為兩個不同客層來敘述。剛開始試著填寫的時候，可能會東一個、西一個地舉出許多種不同的顧客種類，不過盡可能對客層進行集約歸納，會比較有助於分析。

②價值主張：Value Propositions

填寫我方對各個客層提供什麼樣的價值。對於想要買書的人而言，是能夠提供市面上難以找到的書籍，或是以低廉的價格買到書；對於想要賣書的人而言，則是能夠將用不到的東西換成現金，並且空出書本所占的空間。

Part 1

Part 2

Part 3

Part 4

Part 5

Part 6

③通路：Channels

在通路的區塊中，必須填入從宣傳到消費、售後服務的過程間與顧客的接點。因此，雖然實際上此區塊應該包含電視上的宣傳廣告等事項，不過在此暫且先填入最典型且提供最具體價值的通路，也就是「店面」。

④顧客關係：Customer Relationships

在以店面為主的場合下，顧客關係多以面對面為主。

試著畫出自己的
商業模式圖 其二

□商業模式圖的填寫範例

⑤收益流：Revenue Streams

接下來，讓我們檢視收益流的區塊。來自想買書的人手中的貨款，自然可以計算為收入；然而，這個案例中的重點，在於想要賣書的人是不會直接對我方提供收入。以BOOKOFF的情況而言，想買書和想賣書的人雖然在行動特質上完全不同，但有些顧客兩種特質兼具。因此，在此將買書與賣書都算在收入的區塊中。原本，從顧客手中買書是必須計算為成本要素，但是此商業模式是透過買書和賣書兩種顧客的妥善交互運作而成立。對於此商業模式而言，就算是想賣書的顧客，也是不可或缺的目標客層；因此，直接以負收入的形式填寫在此區塊中。一般若是遇到沒有銷售收入的免費服務等，同樣也是以免費的形式填寫在收益的區塊中（參照第47、49頁）。

⑥關鍵資源：Key Resources

相信許多人會把店面和人事費用填寫在關鍵資源的區塊中。不過，仔細檢視BOOKOFF的營運方式不難發現，該企業是透過無須專業知識也能對舊書估價並進行收購的模式，將二手書保養至等同新書的品質，以及即使是非正職員工也能進行收購・再次銷售的系統（包含指導手冊與員工教育），才能有如此的展店規模。有鑑於此，我們填寫此區塊的項目時，首先應該是「收購・再次銷售系統」。再者，深植於消費者心中的「能用低價買到二手書」的品牌形象，也占很重要的因素，因此也一併列記於此。

Part 1

Part 2

Part 3

Part 4

Part 5

Part 6

⑦關鍵活動：Key Activities

一般而言，大多數企業不是「製造產
品」，就是「銷售產品」。因此，在關鍵
活動的區塊中應該填入的不是前述活動，
而是應該根據關鍵資源推導出一個專屬於
自家企業的活動。不過，以BOOKOFF來
說，讓商業模式得以運作的最基本活動，
便是買書與賣書，是故在此即填入此兩項
活動。除此之外，或許也應該考慮填入針
對收購・再次銷售系統的維護工作，與值
得檢討改善的地方。

⑧成本結構：Cost Structure

成本中占最大比例的，應該是人事費用和
店面成本。在事業剛起步時，開發出收
購・再次銷售系統的費用，想必也相當
高。

用來掌握現狀的藍圖

□案例　BOOKOFF

在此，讓我們將前面介紹藍圖填寫方式時，用來當範本的BOOKOFF案例完整地列舉出來。我們之前已經提過，就現狀而言，這張商業模式圖上，「想買書的人」和「想賣書的人」都被列舉為目標客層。這是因為，在這個商業模式中，「想買書的人」和「想賣書的人」雖然是兩個完全不同的客層，但有時顧客的身分會在這兩種客層間遊走。例如，很多人應該都有過明明是去賣書的，結果卻順手買了幾本回家的經驗吧？不僅區塊間彼此會發生交互作用，就算是同一個區塊中所列舉的項目間的關係，也會對整體商業模式的運作造成很大的影響。各位平時在光顧BOOKOFF沒有注意到的小細節，經過統整之後，成為一張非常有趣的商業模式圖。剛開始列舉填寫進商業模式圖的要素時，可能會想出許多不同的要素。不過，盡可能在最後寫上的藍圖階段，將其統整進大範圍的概念中，會比較容易清楚地掌握住商業模式的本質。

BOOKOFF的商業模式圖（現狀）

KP
關鍵合作夥伴

KA
關鍵活動

販賣書籍
收購書籍

KR
關鍵資源

收購・再次
銷售系統。
品牌形象

C$
成本結構

人事費用（薪資）
店面維持費

www.businessmodelgeneration.com

從此藍圖可見，企業的關鍵資源在於收購・再次銷售系統的優越性和透過展店建立的品牌價值。在下一節中，我們將討論為了擴大事業而創新商業模式時，該進行怎麼樣的設計。

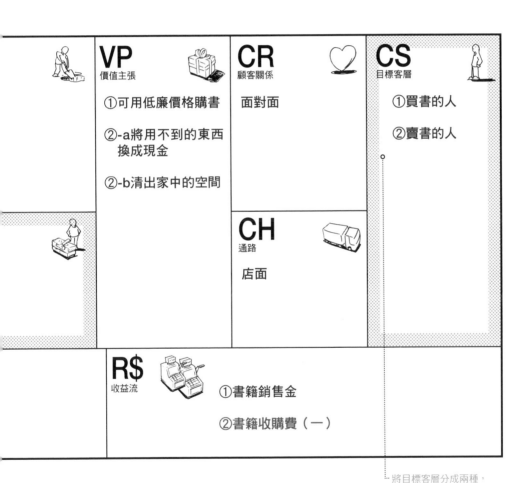

Part 1

Part 2

Part 3

Part 4

Part 5

Part 6

VP
價值主張

①可用低廉價格購書

②-a將用不到的東西
　　換成現金

②-b清出家中的空間

CR
顧客關係

面對面

CH
通路

店面

CS
目標客層

①買書的人

②賣書的人

R$
收益流

①書籍銷售金

②書籍收購費（一）

將目標客層分成兩種，
整理起來更加清晰易
懂，容易掌握到應該著
重的部分。

創新商業模式時所用的藍圖

□案例　BOOKOFF的商業模式創新

欲創新商業模式時，可以考慮在藍圖中的某個區塊上，新增、刪除或變更某一特定要素，以做為創新的「震源」；也可以刻意變更用來做為震源地的要素，以觀察各區塊間的關聯性。在此，讓我們來看看如果在藍圖上新增「想要自己開一間店的人」，會發生什麼樣的變化吧。

您應該馬上便會發現，對於想要自己開一間店的人而言，首先必須克服的是「收購‧再次銷售系統」與「品牌形象」兩大關鍵價值。

如前所述，如果能在為了創新而變更藍圖內容的過程中，設計出您認為行得通的商業模式，接下來要做的，便是將這樣的制度提供給想要開書店的業主，讓他們實際進行驗證。以上所說的做法，不知您認為如何呢？是否覺得在創新商業模式時，只要按部就班執行並將過程加以視覺化，便更容易理解了呢？

BOOKOFF的商業模式圖（現狀）

KP 關鍵合作夥伴	KA 關鍵活動
	販賣書籍 收購書籍
	KR 關鍵資源 收購‧再次 銷售系統 品牌形象
C$ 成本結構	人事費用（薪資） 店面維持費

www.businessmodelgeneration.com

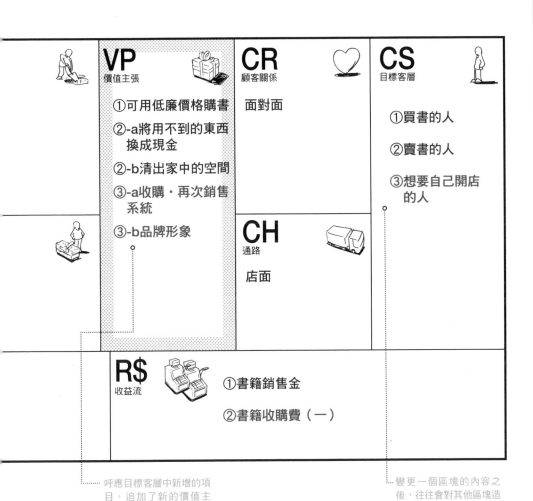

VP
價值主張

①可用低廉價格購書

②-a將用不到的東西換成現金

②-b清出家中的空間

③-a收購・再次銷售系統

③-b品牌形象

CR
顧客關係

面對面

CH
通路

店面

CS
目標客層

①買書的人

②賣書的人

③想要自己開店的人

R$
收益流

①書籍銷售金

②書籍收購費（一）

呼應目標客層中新增的項目，追加了新的價值主張。

變更一個區塊的內容之後，往往會對其他區塊造成某種程度上的影響。在此針對於目標客層中加入新的項目後，於其他區塊所發生的變化。

Part 1

Part 2

Part 3

Part 4

Part 5

Part 6

Busi
Cas

ness

e

PART 2

各式實踐範例：
組織、 企業實地運用商業模式
創新的案例

企業與組織如何進行商業模式創新

□將BMG導入事業現場

企業和組織可能會為了各種目的而導入BMG技巧。不過，我也常接獲一些企業徵詢意見，表示他們雖然知道BMG是相當有效的工具，但沒有辦法輕易地加以採納。任職於大企業時，在導入此技巧之前，往往必須向上司和團隊成員解釋這麼做的優點；而就算是在比較自由的組織中，也必須在實際運用此技巧的成員給予正面評價的前提下，才有可能順利實施。以下列舉導入BMG技巧或商業模式圖的企業，通常期待運用在何種場面，以及期待獲得何種效果。請從中找出與您所需面對課題相近的例子，以做為參考。

①某業務部門發現客戶不再能接受他們以舊有方式所做的提案，因此希望讓成員在掌握客戶方的商業模式之後，能夠提出更具競爭力的企劃案。

②由研究＆開發部門與業務開發部門，一起研討五年、十年後自家企業的新事業。

③公司內部擁有大量系統工程師，想要跳脫在接獲顧客要求後才開始設計的承包式業務模式，培育出能夠理解顧客的事業並能夠做出良好提案的人才。

④為了獲得援助與資金，必須努力在公司內部「推銷」點子與計畫，因此需要能夠有效補強簡報的視覺化工具。

⑤站在經營企劃部門的立場，需要將公司在目前商業模式下的要務為何、如何實現等，以理論包裝後，與全公司分享。

⑥負責執行開發新事業，因而必須有效率地進行團隊管理、戰略制定與相關業務的處理。

⑦針對管理階層實施研習，必須提供拓展新事業、轉換人才調度的相關訓練。

⑧想要透過讓員工理解組織的目標、培育共通意識，來改善高離職率。

⑨在剛起步的創投企業中，企業領導人需要一個架構，讓他能將腦海中所描繪出的商業模式與整個組織共享，並加深組織成員對該模式的理解。

⑩為了調度資金等理由，而必須詳盡介紹自家企業的商業模式時，以BMG做為視覺化的工具。

Part 1

Part 2

Part 3

Part 4

Part 5

Part 6

新點子的生成

商業模式圖對個人而言,可以是寫下點子的筆記;對於團隊而言,則可以是一起構築點子的工具。透過視覺化的模型,可以方便驗證加入某個要素之後會對系統造成何種衝擊。

提升溝通品質

在需要向別人說明商業模式或重要的要件時,能夠將上述內容加入已視覺化的商業模式圖,往往勝過千言萬語。參與同一項事業的成員,必須對商業模式有共通的理解,才能實行相同的策略。商業模式圖便是促進成員共通理解的最佳辦法。

討論會與團體討論的重要性

□討論會　□協調者

團隊作業才有效率

在實踐BMG技巧時，透過舉辦討論會與進行團體討論等團隊作業，會更加有效。比起在自己的腦海中分析與拼湊商業模式，實際活動身體一邊寫下點子一邊交換意見，往往會有更多的發現。

特別是，若為了創新商業模式，則必須由多樣化的成員參與腦力激盪，才能有好的點子，而不是只有提案部門、企劃部門和經營策略部門關起門來進行討論。討論時的要務，在於找出商業模式中能夠重新建構的區塊，以及建構起商業模式的區塊間的新關聯性。想要創造新的商業模式，涵蓋範圍自然包括通路、收益流、關鍵資源等，構成商業模式藍圖的九大區塊。因此，肯定會需要來自各個領域的意見提供和點子。

視實際的需求，有時還可以考慮讓外部人士加入討論成員中。在討論會這類讓各式各樣成員參加的場合或是重要的會議時，為了讓參加者之間能夠更積極地交換意見，或為了妥善掌控會議進度，會需要有一名站在中立立場的協調者參與。

在團隊討論過後，還必須在現場實際檢驗討論的商業模式是否有效，整場討論才有意義。因此，必須在評估過各式各樣的點子之後，歸納出一個能夠落實在現實業務中的商業模式。當然，有時與會者在藍圖上畫出的商業模式難免不切實際；此時就必須依賴實際精通業務的成員提供意見，以修正軌道。

值得留意的是，在執行前述流程時，不應該從一開始便畫地自限在有限的可能性中，而是在評估諸多可能性的過程中，順便探討為何該商業模式難以實現，才有機會找出衝破瓶頸的契機。

Part 1

Part 2

Part 3

Part 4

Part 5

Part 6

團體討論的定義

在規定的時間內，由數名參加者針對課題進行討論，
目的為與他人交換意見以獲得更佳的成果。
會議亦屬於此類。

團體討論的流程

令團體討論得以成功的五大要點

1. 決定課題（主題）

2. 分配工作

3. 進行討論

4. 發表討論結果

① 理解規則和主題

② （若參加者為初次見面）自我介紹

③ 決定時間分配

④ 做出結論（總結）

⑤ 確實做好筆記

討論會應由不同背景的成員參加

· 隸屬於各式各樣的營業所與部門
· 不同年齡層
· 不同專業領域
· 具備在不同職種和領域累積的經驗
· 從業年數不同
· 擁有不同背景（出身·經驗）

從採納至運用為止的流程和如何活用於實務

□該如何運用

即使只與商務沾上一點邊，也可以使用所謂的BMG技巧。大企業與教育機構自然不用說，即便是個人經營的商店、中小企業、非營利團體，以及其他一般人印象中與商業無緣的組織，只要有改善其活動與事業的意願，都可以透過此技巧獲得想要的成果。而在企業當中，現狀則以經營企劃、事業開拓、策略人事、研究開發、行銷企劃等部門，率先導入此技巧的情形較為常見。

例如，若接下來計畫拓展新的事業，通常必須先找出最適合的商業模式，並在正式開始採取行動前驗證該商業模式是否可行。或者，也可能是邊收集來自市場的意見回饋，邊調整為適合市場的商業模式。而在已有既存事業的情況下，則必須思考如何連接新舊商業模式，並從現狀中找出問題所在，以規避經營上的危機。在前面所提到的情況中，重要的不是在於完成一張商業模式圖，而是如何設計一個點子，使其接下來在實施時能夠克服現行商業模式的問題，或能夠檢驗全新上路的事業。為此，在執行過程中必須不斷回頭審視藍圖，以在修正與轉換方向的過程中，選擇出最適合現狀的商業模式。一個商業模式最重要的，便是持續進行「設計→原型→執行‧驗證」的流程。

在執行與驗證的階段，有時成果難免會不如預期。此時，必須貼近業務現場多方嘗試，才有辦法打破僵局。例如，耐心伴隨著商業環境的變化，多嘗試幾種不同的原型，或使用一個從完全不同角度出發的模式來進行驗證等。在今後的商場上，需要的是能夠不分職種與職位、自行設計出商業模式的能力。接受過這類訓練的人，和從未接觸過類似理論的人之間，將會有非常大的差距。能事先預測幾種問題癥結與可能性，與在事業碰上暗礁之後才開始設法處理，兩者之間的結果將天差地別。在商場上，有多少張牌（點子）可以打，是決定勝負的關鍵。

Part 1

Part 2

Part 3

Part 4

Part 5

Part 6

首次採用BMG技巧時的流程

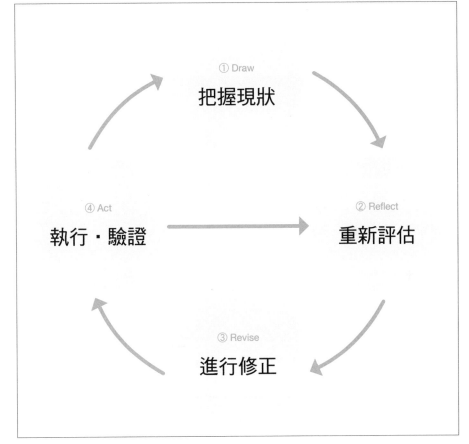

① Draw
把握現狀

④ Act
執行‧驗證

② Reflect
重新評估

③ Revise
進行修正

按照介紹設計流程時（參考35頁）說明的①Draw（把握現狀）、②Reflect（重新評估）、③Revise（進行修正）、④Act（執行‧驗證）的順序進行。在反覆修正藍圖數次之後，視創新商業模式上的需求，可以不用再按照這樣的程序，而是改採同步進行數個步驟，或是只進行重新評估的步驟而已。

開始新的事業

□新事業的商業模式

在開始新的事業時，如果不能妥善說明接下來要推進的事業有什麼樣的競爭力，是無法獲得出資者進行投資的。因此，透過BMG來掌握己方事業的優越性和商業模式基本架構，是相當有效的做法。

透過將藍圖上所設計出的新事業落實為商業模式的過程，在請各方顧問提供建議與意見時，除了可以簡潔地向他們說明之外，也可以凸顯事先設想到可能發生的問題向他們討教。之後，再將修正處反映至商業模式圖上，並反覆向潛在客群徵求意見等，將可進一步爬梳商業模式，使它的基礎更加穩固。

創造一個新的剪髮專門店商業模式

在此要向各位讀者介紹的範例，是取自於以「10分鐘快速剪髮」為口號，堪稱「剪髮業的便利商店」的QB HOUSE。

為了讓從未聽過QB HOUSE的讀者也能快速進入狀況，謹在此引用該企業臺灣官方網站的服務概要：

> 不同於一般沙龍剪髮店，我們簡略顧客本身可以做得到的項目（例如洗髮、吹髮及刮鬍），我們是專注提供顧客本身無法做到的「剪髮」專業服務的剪髮專門店。
> QB HOUSE 提供的剪髮服務所需的價格為NT300元（日本1000日圓）。（以上引用）

如前所述，QB HOUSE所打出的是提供「專門」剪髮服務，而且只需要花費10分鐘和臺幣300元（1000日圓）的新型態剪髮專門店商業模式。在日本的車站前和商業區常可以看到QB HOUSE的加盟店，對於想要稍微整理一下儀容的人來說確實很方便。

QB HOUSE以需要短時間內快速剪髮服務的上班族為主要目標客層，正努力地在商業區與車站附近的好地段展店中。

服務內容

剪髮	●	染髮	×	刮鬍	×
理髮	×	吹風	×	燙髮	×

專注於QB HOUSE方面的顧客需求

既存的理髮院

· 需時一小時左右
· 4000-5000日圓
· 洗髮和刮鬍等服務
· 在自家附近

需求：在假日想要多花點時間
改變造型轉換心情。

QB HOUSE

· 只需10分鐘
· 價格低廉，只需1000日圓
· 位於公司和車站附近、購物中心

需求：在平日於工作的空閒時間
想要便宜、快速地剪髮。

Part 1

Part 2

Part 3

Part 4

Part 5

Part 6

如何找出新的藍海

□藍海策略　□信賴關係

上一頁所介紹的QB HOUSE的商業模式特徵，是從既存的理髮店服務中排除所有能夠省略的服務，並追加了縮短時間、離車站近、低價格等價值。這不僅能與既存的理髮業競爭，同時也是找出新價值而開拓了新市場的例子。

如前所述，在既有市場外開拓出新市場的行為，就像在大海上發現一條前人未至的新航道一樣，因此被稱為「藍海策略」。在開始新事業時，由於旁人對該事業的信心，以及己方的經驗都還不足，因此能否找出藍海便是左右成功的關鍵。在商業模式創新的技巧上，除了前面提到的例子之外，還有透過在現有競爭者的商業模式圖中加上某些變化（創造震源地），進而找出新的商業模式的方法。

現在來看看QB HOUSE的商業模式圖填寫範例。在既存理髮業的商業模式中，人們前往理髮院主要是選在假日等時間，一邊放鬆一邊整理儀容。以這類顧客為目標客層時，若想在服務方面與他人有所差別，通常傾向於追加洗髮、刮鬍、按摩等能使人放鬆的服務；然而，QB HOUSE卻跳脫原本被業界奉為圭桌的服務項目，把價值主張的主軸鎖定在「便宜與便利」上，以和其他業者做出明確的差別。

時常更新商業模式圖

創立新事業時，往往必須同步進行設計商業模式和實際執行商業模式的階段。而實際在商場上驗證的過程中，偶爾也會發現從來沒想過的課題。此時，必須常常回顧藍圖，並在重新評估要素與修正完畢後再度投入市場進行驗證。商業模式圖並不是填完就結束了，而是必須視需要進行更新。

Part 1

Part 2

Part 3

Part 4

Part 5

Part 6

QB HOUSE的商業模式

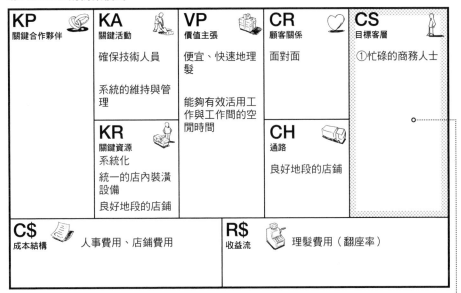

KP 關鍵合作夥伴	KA 關鍵活動	VP 價值主張	CR 顧客關係	CS 目標客層
	確保技術人員 系統的維持與管理	便宜、快速地理髮 能夠有效活用工作與工作間的空閒時間	面對面	①忙碌的商務人士
	KR 關鍵資源 系統化 統一的店內裝潢設備 良好地段的店鋪		CH 通路 良好地段的店鋪	

C$ 成本結構 人事費用、店鋪費用	R$ 收益流 理髮費用（翻座率）

www.businessmodelgeneration.com

QB HOUSE在剛創業時，雖然為了滿足目標客層，而將店鋪開在商業區與車站附近，最近卻也逐漸開始前往購物中心裡展店，以將觸角延伸至正等待家人購物的族群。像這樣配合事業的成熟度，不斷重新評估商業模式圖，是非常重要的。

目標客層

可以細分為①-1主要在平日於商業區和車站附近利用服務的顧客。①-2利用假日時家人購物的時間等利用服務的顧客。客層間的差異，在評估通路、與顧客的接觸點時，最好能詳加記載。

將商業模式圖運用於
拓展客群專案中的實例

□拓展新規客群　□如何找出新的活路

接下來，我們以航空業為例，來看看拓展出新的目標客層的LCC（廉價航空公司）的商業模式。首先，我們要先畫出傳統的現存航空公司（提供完整服務）的藍圖。在此，為了便於讀者理解，我們只聚焦於藍圖的右半邊進行說明。在介紹QB HOUSE的例子時，我們曾經稍微提過，為了從既有的商業模式中進行創新，從同業的其他公司與競爭對手的商業模式切入，是一種簡單明瞭的做法。

那麼，讓我們來看看各區塊中的要素。在此，將為了移動而搭乘飛機的目標客層，細分成為了旅行而搭乘的一般客層，與為了商務用途而搭乘的客層。針對以上兩個不同客層的價值主張，雖然多少會有重疊，但其中為了出差等用途而搭乘飛機的商務用途客層之特徵在於，其對於能夠因應突然變更行程的調整，以及準時起降的需求較為強烈。看完目標客層之後，更加重要的區塊自然是價值主張（VP）的區塊；因為這是令顧客樂意掏錢的源頭。位於藍圖中央的「價值主張」，是聯繫起所有要素的重點。

那麼，讓我們來看看能不能從提供完整服務的既存商業模式圖上找出新的目標客層。想要在目標客層方面進行大幅度的創新，就必須從「萬一從明天起原本的目標客層全都流失了，該怎麼辦？」這樣的角度來進行設想，以觀察會有什麼樣的變化。

（1）仔細分類並觀察過既有的目標客層之後，我們可以假設重視價格的客人相當多。因此，我們試著在藍圖上追加新的價值主張：「便宜、快速抵達目的地」。

（2）根據近年來的大環境經濟景氣，我們可以猜想有許多重視價格因素的客人。這些客人的需求，簡單來說，都聚焦在「想要便宜、快速抵達目的地」上面。

（3）於是，我們發現基於顧客需求所塑造出的目標客層形象，與我們新增的價值主張之間有著互相呼應的關係。

Part 1

Part 2

Part 3

Part 4

Part 5

Part 6

既存航空公司（提供完整服務）的商業模式圖

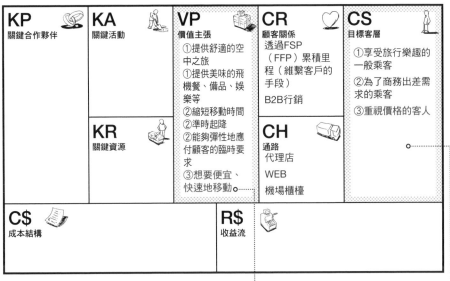

KP 關鍵合作夥伴	KA 關鍵活動	VP 價值主張 ①提供舒適的空中之旅 ①提供美味的飛機餐、備品、娛樂等 ②縮短移動時間 ②準時起降 ②能夠彈性地應付顧客的臨時要求 ③想要便宜、快速地移動。	CR 顧客關係 透過FSP （FFP）累積里程（維繫客戶的手段） B2B行銷	CS 目標客層 ①享受旅行樂趣的一般乘客 ②為了商務出差需求的乘客 ③重視價格的客人
	KR 關鍵資源		CH 通路 代理店 WEB 機場櫃檯	

C$ 成本結構	R$ 收益流

www.businessmodelgeneration.com

價值主張 ············
在價值主張的區塊中加上目標客層中編號③號的客層之需求。

目標客層
將③重視價格的客人的需求「想要便宜、快速地移動」，加至價值主張的區塊中。

對於價值主張的理解與整理

	目標客層 （顧客需求）	價值主張 （能提供給顧客的價值）
提供完整服務的航空公司	商務旅客與在大都市間移動的顧客（在機上享受服務的需求）	以寬敞的座椅與充實的服務享受空中旅程
廉價航空公司	便宜且快速地移動	提供所需的服務、縮短移動時間

專門鎖定新客群的廉價航空

□廉價航空公司的商業模式

在傳統航空公司的商業模式圖中增加新的目標客層後,不難發現,廉價航空公司所採用的,其實就是一個專門鎖定重視價格之客層的商業模式。

仔細為目標客層分類後,我們還可以區別出只以價格為優先考量的顧客,以及有充裕時間、只要時間配合得上,就會積極選擇廉價航班時間的顧客。此外,在商業模式圖上的區塊中加入新的要素,也會對其他區塊造成影響。例如,在廉價航空方面,與顧客之間的接觸點主要為網站等線上自助服務為主,在機場報到與行李托運方面也極力要求顧客自理。此外,公司也採用統一的客機以壓低維修成本、由空服員來負責打掃機艙內等,可說是在各方面極盡降低成本之能事。至於對客人的服務,也只提供最低限度所需的服務;在內容上可說是和要求舒適與尊榮感的顧客需求,有很明顯的分別。

找出價值主張的四個要點

在開拓新顧客時,最需要留意的要點如前所述:可以用來解決顧客需求的價值主張是什麼?為了從新的切入點找出新的價值主張,有時也必須刻意移除既存服務中所具備的要素。此外,在較競爭者晚進入市場時,要想與不分上下的既存商業模式有所區隔,是相當困難的。因此,如何找出新的價值主張,是非常重要的事情。下一頁所舉出的四個要點,是尋找新的價值主張時的重要思維。實際列出來之後可能看似平淡無奇,但所謂新的服務在成形時大多來自於這些思考方式,因此把這張圖牢牢記下來肯定派得上用場。

Part 1

Part 2

Part 3

Part 4

Part 5

Part 6

廉價航空公司的商業模式圖

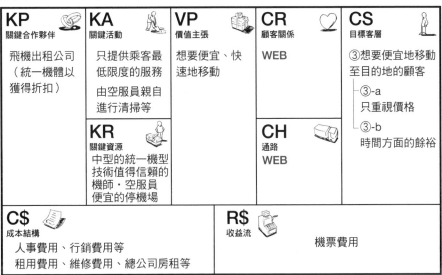

KP 關鍵合作夥伴	KA 關鍵活動	VP 價值主張	CR 顧客關係	CS 目標客層
飛機出租公司（統一機體以獲得折扣）	只提供乘客最低限度的服務 由空服員親自進行清掃等	想要便宜、快速地移動	WEB	③想要便宜地移動至目的地的顧客 ─③-a 只重視價格 ─③-b 時間方面的餘裕
	KR 關鍵資源 中型的統一機型技術值得信賴的機師・空服員便宜的停機場		CH 通路 WEB	
C$ 成本結構 人事費用、行銷費用等 租用費用、維修費用、總公司房租等			R$ 收益流 機票費用	

www.businessmodelgeneration.com

找出價值主張所需的四大重點

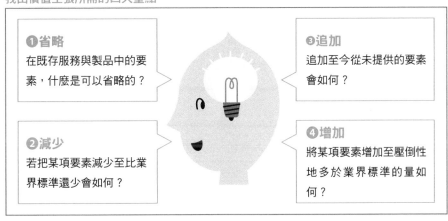

❶省略

在既存服務與製品中的要素，什麼是可以省略的？

❸追加

追加至今從未提供的要素會如何？

❷減少

若把某項要素減少至比業界標準還少會如何？

❹增加

將某項要素增加至壓倒性地多於業界標準的量如何？

將事業拓展至海外的事例 其一

☐驗證商業模式圖 ☐價值主張

近年來，愈來愈多企業打算將自家事業的部分或全部移往海外，或是為了將來的發展性而制定以海外發展為前提的事業策略。根據成功的全球企業表示，他們在一開始設計商業模式時，便是以世界為規模。當然，一個能夠通用於世界各地的商業模式是最理想的；但一般而言，除了網路商務與部分商業模式之外，事業成功與否，將受該國商業習慣與文化背景等大幅左右，一個現行的成功商業模式不代表在每個國家都能成功。因此，在執行時該留意的，是現行的商業模式圖能直接成立，還是必須變更一部分才能加以執行。在此，讓我們再一次以46頁探討的BOOKOFF為例。

正如我們所知，對於BOOKOFF而言，讓客人能用低價購得二手書是其重要的價值主張之一。因此，應該在一開始便進行確認的，就是維持同樣的目標客層與價格主張，是否能在海外繼續沿用。為了不使經營資源分散，必須盡可能地避免大幅跳脫現存商業模式，並評估該如何活用既有經驗。

以BOOKOFF為例，想要在日本境外推行同樣的事業時，視乎買賣的對象是以當地語言書籍或是日文書為主，將會使得事業內容大幅改變。若必須與各國既存的書店競爭，做為較晚進入市場的挑戰者將較為不利；因此，可以考慮憑藉著現行商業模式的資源和庫存等優勢，針對居住或暫居海外的日本人為目標客層。目前為了商務或進修而居住於海外的日本人約有一百萬人，而在海外日文書不僅價格昂貴，且能購得的書店也有限。既然如此，只要靈活運用BOOKOFF的收購‧再次銷售系統，即可設計出一個能將其品牌形象活用於海外事業上的商業模式。

Part 1

Part 2

Part 3

Part 4

Part 5

Part 6

BOOKOFF現在的商業模式圖

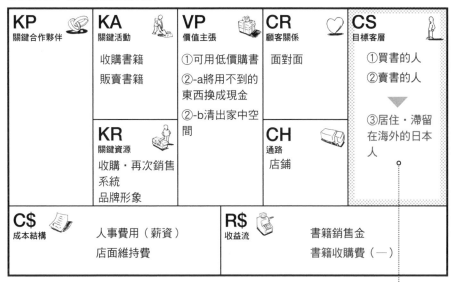

KP 關鍵合作夥伴	**KA** 關鍵活動 收購書籍 販賣書籍	**VP** 價值主張 ①可用低價購書 ②-a將用不到的東西換成現金 ②-b清出家中空間	**CR** 顧客關係 面對面	**CS** 目標客層 ①買書的人 ②賣書的人 ▼ ③居住・滯留在海外的日本人
	KR 關鍵資源 收購・再次銷售系統 品牌形象		**CH** 通路 店鋪	

C$ 成本結構 人事費用（薪資） 店面維持費	**R$** 收益流 書籍銷售金 書籍收購費（一）

www.businessmodelgeneration.com

在商業模式圖目標客層中加入居住・滯留在海外的日本人之後，價格主張是否仍會相同？

將事業拓展至海外的事例　其二
□於海外拓展事業時的商業模式圖　□價值主張

再舉一個日前我去巴黎出差時，遇見一名住在法國鄉間的日本人的例子。據他表示，來到巴黎時最期待的，就是去光顧好吃的日式餐廳與BOOKOFF。

由此可見，日文書一般而言在海外價格不菲，因此在BOOKOFF能大量且便宜地買到日文書這一點，就成為吸引顧客不斷反覆光顧的動機。現在BOOKOFF雖然只有在夏威夷、紐約、洛杉磯、巴黎和首爾等都市展店，但據聞也已經成為對在紐約生活的日本人而言，生活中不可或缺的一部分了。

那麼，讓我們一邊參照商業模式圖，一邊看看BOOKOFF對於在海外生活的日本人有著什麼樣的價值主張吧。

當然，這張藍圖和在日本國內的版本一定有共通的部分；所以，在此我們只針對其中最具特色的地方聚焦。對顧客而言，能夠便宜買到日文書是最大的好處。此外，在庫存量有限的海外，書籍種類的多樣性想必也是很大的魅力。能夠在店裡親手從龐大的書本庫存中挑選想買的書，對顧客而言是非常大的價值。實際上，紐約的BOOKOFF每週都會從日本進口最新的漫畫、雜誌、商業書籍、小說、評論、童書、外文書等書籍，以及CD、DVD、錄影帶等產品，據說有超過二十萬件以上的庫存。而且，在書籍的定價方面也仍舊保持從一美元起跳的低價策略，提供顧客和在日本時一樣能夠以便宜的價格買到優質商品的服務。

以上所述，對於特地從日本訂購高價日文書的人而言，應該是能讓他們心動的新服務吧。

BOOKOFF在拓展海外事業時的商業模式圖

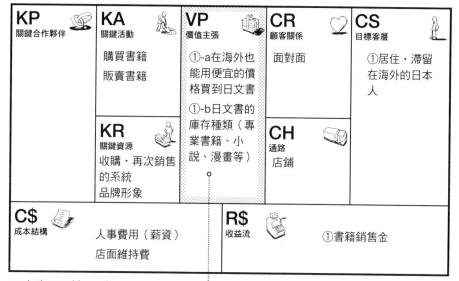

KP 關鍵合作夥伴	KA 關鍵活動	VP 價值主張	CR 顧客關係	CS 目標客層
	購買書籍 販賣書籍	①-a在海外也能用便宜的價格買到日文書 ①-b日文書的庫存種類（專業書籍、小說、漫畫等）	面對面	①居住‧滯留在海外的日本人
	KR 關鍵資源 收購‧再次銷售的系統 品牌形象		CH 通路 店鋪	

C$ 成本結構	R$ 收益流
人事費用（薪資） 店面維持費	①書籍銷售金

海外的日文書籍較少，可以嘗試著重在解決顧客問題上，提出不同的價值提案。
這樣，可以清楚了解BOOKOFF不只是便宜，海外的庫存中也有各種不同種類的書籍。

Part 1
Part 2
Part 3
Part 4
Part 5
Part 6

將商業模式圖運用於
商品開發專案中的實例

□目標客層　　□價值主張

在此介紹一個將BMG技巧運用在開發產品專案中的例子。在這類專案中，目標客層和價值主張的區塊同樣相當重要。為了使自家產品在市場上具有商品價值，必須要能察覺並掌握到顧客們的潛在需求。一般而言，必須事先準備好足以分析目標客層的資訊，並一邊討論一邊填寫藍圖；但有時也必須忘掉一直以來的既存概念框架，並追求其中的價值本質。此時，除了至今為止的顧客資料外，也必須一併將根據市場調查等資料能夠推測出的所有目標客層加以填寫，然後設法從中找出這次材料所應聚焦的目標客層。像這樣的作業必須反覆進行好幾次。

開發電熨斗（家電產品）

這裡將介紹備受媒體關注的「型男熨斗」的例子。所謂「型男熨斗」，是來自於有「發明城市」之稱的東京台東區的業務用電熱器製造商石崎電機製作所，開發出來的家庭用蒸氣熨斗。這項商品打著「獻給真正講究的人」為口號，徹底追求熨斗做為工具的實用性，實現了樸實堅固的「高性能」、「耐用」、「輕便」的品質。然而，該公司並非一開始就鎖定開發這種概念的商品。據說，他們原本和同行的其他公司一樣，盲目地跟從家電低價格化的潮流，著手開發低價輕巧、無線等以主婦和女性為目標客群的輕便產品。

然而，隨著價格更低的進口熨斗逐漸進入市場，他們發現在價格上競爭有其極限。因此，才重新評估自家公司的價值，下定決心開發新的產品。在開發新型熨斗時，原本他們鎖定傳統的主要客層，也就是一般女性來蒐集意見，然而卻意外地發現男性其實也常常會燙衣服，因此才轉而朝向能夠同時為男性與女性所接受的產品這個目標前進。

Part 1

Part 2

Part 3

Part 4

Part 5

Part 6

跳脫既有的架構

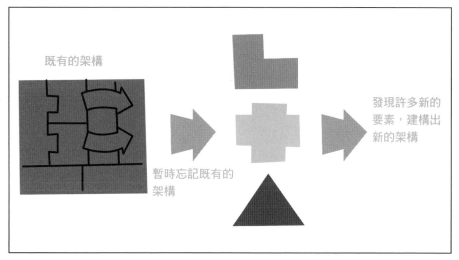

關於價值主張的理解

	目標客層 （顧客需求）	價值主張 （顧客帶來的價值）
刻板印象中的價值	・想要使用輕便熨斗的主婦與女性 ・不想花錢送乾洗店的人	・輕巧、便利 ・低價格
熨斗真正應該提供的價值	・講究的人 ・平時就很注重儀容與穿著的人 ・想要輕便地使用熨斗的主婦與女性 ・不想花錢送乾洗店的人	・短時間內便能燙平皺褶、讓衣物更美觀 ・能夠滿足講究的人

透過團體訪問等意見調查，可以汲取更加接近
顧客需求的意見。

重新評估價值

□ 發現潛在需求

在傳統的熨斗市場中，整個業界都先入為主地認為，以家庭主婦為主的女性才是目標客層，因此所有的產品都朝此方向進行開發。相對地，在各家廠商爭相使產品更輕便好用，以及價格競爭愈演愈烈之下，熨斗本身的性能，也就是顧客想要追求的價值，反而沒有被顧及到。若能回到原點檢視熨斗這件產品的本質，便會發現顧客想要熨斗幫他們做的，乃是「在家中也能短時間燙平衣物，讓衣物更加美觀」。

也就是說，雖然市場上的確有追求低價格與輕便的顧客，但廠商不應該僅偏限於此。透過重新觀察熨斗必須提供給顧客的價值之本質，才能找出重要的盲點所在。在電視訪問時，產品開發負責人也表示，熨斗最重要的便是熱度與持久力。

因此，「型男熨斗」不僅擁有業界最高水準的預熱速度，可以在九十秒內便到達足以燙衣的溫度，還有著大容量水槽、能夠對準衣物的皺褶進行局部燙平的尖端熱氣孔。此外，售後服務也是一大賣點——就算過了消耗性零件的法定保固年限（六年），只要公司零件還有剩餘，仍會持續提供修理。將以上所述反映在商業模式圖上，便能看出這項產品的開發方向與既有的價值提案完全不同。

是否察覺了顧客的潛在需求？

不過，所謂的顧客需求，會隨著時代背景和經濟環境而不斷變化。如何伴隨著時代潮流解讀顧客的需求，不管對哪個業界來說都是重要的課題。

前述的QB HOUSE與這裡所提到的型男熨斗，都可以說是找出了與既存價值不同的新的價值與行動，為市場帶來變化的「創新」商業模式。

Part 1

Part 2

Part 3

Part 4

Part 5

Part 6

型男熨斗的商業模式圖

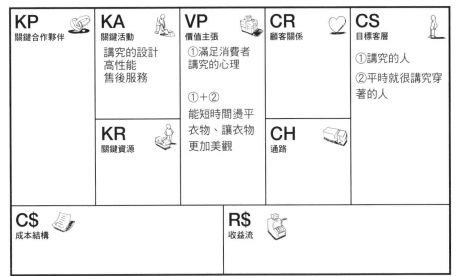

KP 關鍵合作夥伴	**KA** 關鍵活動 講究的設計 高性能 售後服務 **KR** 關鍵資源	**VP** 價值主張 ①滿足消費者 講究的心理 ①＋② 能短時間燙平 衣物、讓衣物 更加美觀	**CR** 顧客關係 **CH** 通路	**CS** 目標客層 ①講究的人 ②平時就很講究穿 著的人
C$ 成本結構			**R$** 收益流	

www.businessmodelgeneration.com

在此將型男熨斗的商業模式圖部分加以簡化。
雖然很多人需要的價值是講究設計和高性能，
但這些並不是熨斗在本質上的價值，而是從講
究的顧客眼中所見的價值。

想要創新商業模式所需的策略為何？

□紅海策略

為了尋求創新，在設計商業模式的同時，必須兼顧幾個重點。以下針對這些重點進行介紹。

首先，便是在舉QB HOUSE為例時，提到的藍海策略。

這種策略的本質並不是「在競爭中得勝」，而是「設法開拓出沒有競爭者的新市場」。

這個詞是由法國的歐洲經營管理研究所（INSEAD）教授金偉燦（W. Chan Kim）和勒妮・莫博涅（Renée Mauborgne）在二○○五年二月發表的著作《藍海策略》中所提出。

請參考右頁的紅海策略與藍海策略對照表。想要開拓一個全新的市場雖然相當困難，但只要從業界標準與其他公司的策略所涵蓋的範圍以外來著手，便比較容易有所收穫。因此，有機會的話建議您不妨除了自家企業之外，也多多研究其他公司的商業模式圖。

此外，就算不是在其他公司沒有注意到的地方，往往也還是存在著能夠重新評估現有市場、創造出新的市場定義的機會。例如，在分析既有顧客之外，也要設法留意到完全不使用自家公司的產品與服務的人有什麼樣的特質。在此提出為了找出藍海的六大觀點，您不妨以此做為參考。

藍海策略想要成功，往往必須具備數種能夠防杜同業模仿的機制，但通常還是會直接朝向紅海演進。為了達到商業模式創新的目標，請做好心理準備必須反覆進行設計階段的作業。

Part 1

Part 2

Part 3

Part 4

Part 5

Part 6

找出藍海的六大觀點

（1）顧客選擇替代品而非自家公司產品的理由。
（2）顧客選擇其他公司產品的理由。
（3）關注購買者與對組織造成影響的利害關係人。
（4）觀察顧客連同自家產品一起購買的產品和服務，確認其中有沒有自家企業能夠提供的部分。
（5）將訴求重點在強調機能性或感性之間轉換。
（6）展望未來。

紅海策略與藍海策略

紅海策略	藍海策略
在既存市場中競爭。	開拓出沒有競爭的市場。
打敗競爭對手。	使競爭變得沒有意義。
聚集既存的需求。	發掘出新的需求。
價值與成本之間形成交換條件的關係。	能夠在提高價值的同時壓低成本。
在區別或壓低成本的策略中選擇一種，並且動用企業整體的活動來配合該策略。	同時追求差別化與降低成本，同時為達成該目的而推進企業的所有相關活動。

出處：《藍海策略》

透過同理心地圖洞察客戶需求

□同理心地圖　□腦力激盪

建立於洞察顧客心理上的商業模式

從至今舉過的事例可以得知，良好的商業模式設計中，顧客的觀點是不可或缺的要素。從顧客處聽取各式各樣的意見和感想，歸納出產品和服務尚待改良之處，是非常重要的。

不過，就算詢問顧客「想要什麼樣的產品和服務？」想必也無法那麼簡單地就問出好的點子與答案。要想在既存事業中創新，必須深入了解顧客心理，盡早從中凸顯出市場的需求。

「顧客心理」通常存在於消費者的行為與態度背後，有時甚至必須看穿「顧客本人也沒意識到的真心」。這也被稱為「消費者心理」，一般認為是左右顧客是否購買的關鍵。找出顧客心中的真心話，將其運用在開發相關新產品，以及與顧客交流的企劃方面，可說是相當有效的手法。因此，在BMG技巧中，我們為各位介紹一個使用了同理心地圖的腦力激盪方式。

所為「同理心地圖」，是由XPLANE所開發出的、用來視覺化思考顧客心理的工具；不僅可以呈現出顧客在數量分布上的特徵，也能供人用來掌握顧客的周遭環境、行動、願望等。

此工具的強項，在於與顧客交談後，可以因應其背景設計出不同的價值主張、接觸方式，並設計出與顧客之間的適切關係。最終目標是能協助我們理解顧客是為了什麼而付錢的。

具體而言，是像透過人物誌行銷手法那樣，一邊想像特定的顧客特質，一面站在顧客的角度來想像「他會怎麼想」、「他會說什麼」等，並分析其行動。

Part 1

Part 2

Part 3

Part 4

Part 5

Part 6

同理心地圖

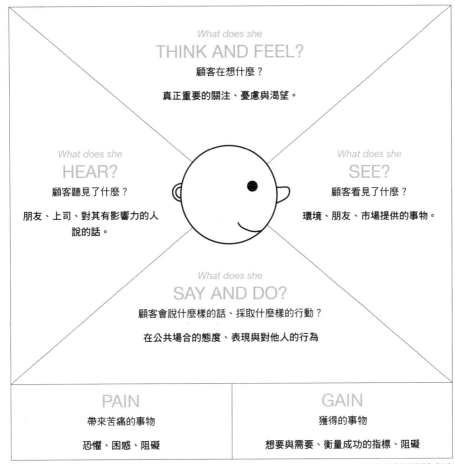

What does she
THINK AND FEEL?

顧客在想什麼？

真正重要的關注、憂慮與渴望。

What does she
HEAR?

顧客聽見了什麼？

朋友、上司、對其有影響力的人
說的話。

What does she
SEE?

顧客看見了什麼？

環境、朋友、市場提供的事物。

What does she
SAY AND DO?

顧客會說什麼樣的話、採取什麼樣的行動？

在公共場合的態度、表現與對他人的行為

PAIN
帶來苦痛的事物

恐懼、困惑、阻礙

GAIN
獲得的事物

想要與需要、衡量成功的指標、阻礙

善用同理心地圖，將有助於釐清顧客
心理。

參考《獲利世代》製成

如何使用同理心地圖

□顧客心理　　□討論

首先，要進行腦力激盪，將與商業模式有關的所有目標客層列舉出來。接著，從中尋找候補，並且利用其中之一來探查顧客的心理（心中真正的心聲）。

讓我們為這名顧客先取個名字，並且賦予他收入條件、已婚或未婚等在統計上的特徵。此時，我們要盡可能具體地設想其名字、特徵、住址、家族成員、生活習慣、興趣等細節後，再透過下列六個問題來仔細建構出顧客的個人資料。

不過，以上所說的步驟並非針對刻板印象中的標準客戶，而是為了設法讓未來可能成為他們客戶的對象更加鮮明所做的。

（1）看見什麼：寫下他們在日常生活環境中看見什麼。

（2）聽見什麼：寫下他們會受到什麼人怎麼樣的影響。

（3）感覺到、想到什麼：寫下他們心中的想法。

（4）說什麼、做什麼：想像顧客可能會說的話，以及在公共場合的發言與行為。

（5）顧客的痛處：寫下顧客正感到困擾的事，與對於課題的想法等。

（6）顧客能得到什麼：寫下他們所想要的東西等。

同理心地圖可以用來檢查己方商業模式中的假設，是否有針對顧客的視角進行建構。產品是否真的能解決顧客的問題？顧客是否真的願意為了這樣的價值而掏錢？一邊捫心自問著這樣的問題，一邊將答案反饋至商業模式中，將更為有效。

在透過同理心地圖進行討論時，除了正面意見之外，也要設想到負面的意見，才能確認己方的觀點是否存在疏漏。

Part 1

Part 2

Part 3

Part 4

Part 5

Part 6

想像中的QB HOUSE顧客——高田文雄先生的同理心地圖範例

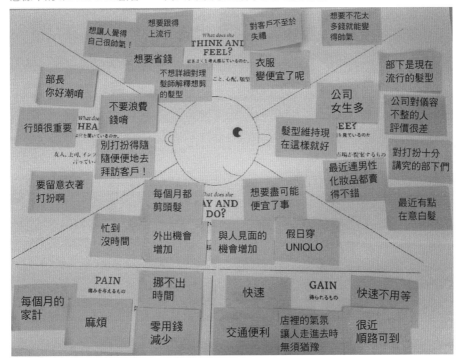

此為想像中的QB HOUSE的顧客——高田文雄先生的同理心地圖。
高田文雄先生的個人資料假設如下：
四十七歲　於麴町的電子機械零件製造商任職
和四十五歲的妻子、十九歲的大學生兒子三人同住。
現居神奈川縣川崎市。

在企業研習中活用企劃・開發

□將BMG技巧導入企業研習中

各家企業在內部推動BMG技巧的目的各有不同，但實際上來說，大多是為了以下兩種目的。首先，是用來設計在事業現場實際運作的商業模式，以及做為規劃事業的架構。另外一個目的，則是在實際投入現場運作之前，用於企業內部研習課程，以加深員工對自家公司商業模式的理解。放眼今後能夠預測到的經營環境當中，重新掌握己方能夠提供的價值為何，並且與組織成員共享將來的方向（視野）。此外，也需要評估各種策略選項（假設），做出更有效且更實際的決策。

在此介紹如何透過企業研習讓員工理解BMG技巧，做為他們在分析時使用的共通語言。

研習目的與主要效果

研習的目的是可視化專案和事業的商業模式，讓所有專案成員都認識到提供給顧客的真正價值是什麼。在實施訓練員工能夠製作商業模式圖的研習之後，將可期待獲得以下效果：

①理解商業模式圖的概念、製作目前正在推行之事業的商業模式圖，進而掌握商業模式的全盤面貌。②加深對自家公司競爭對手商業模式的理解，對於開拓新事業或新服務有所幫助。③能夠培養從多數商業模式中，事先找出可能發生的問題與新觀點的能力。④能夠培養出將目前與未來的商業模式都加以視覺化的能力。⑤透過和不同部門與背景的人進行腦力激盪，能夠接觸到新的價值觀與切入角度。⑥能夠在無須拘泥年資與背景的條件下，以相同的觀點進行討論。

Part 1

Part 2

Part 3

Part 4

Part 5

Part 6

確認項目

・正朝拓展事業與專案規模努力 □
・很少有人了解企業領導人心中的事業走向 □
・公司員工未能充分掌握自家公司的商業模式 □
・沒有能夠將事業遭遇的課題、問題可視化的方法 □
・公司內部沒有可以用來討論事業事宜的共通語言 □
・不太常跨越團體或部門進行討論 □
・每個人在執行業務的技能方面有落差 □
・營業成績不如預期 □

若符合表中多項項目，建議評估是否在公司內部實施BGM技巧研習。

企業在採納・實踐後的意見

讓人覺得在短時間內便能學會如何使用。

在短短的討論會期間便能學會如何運用。像這樣視覺化的工具非常簡潔精練，運用上相當容易。

這是一個非常適合供多人進行討論、發想新商業模式的架構。

能夠簡單地用一張紙來表現出商業模式中複雜的各種要素，並加以討論。

針對管理階層實施研習

□實施團體討論

企業在針對管理階層實施研習時，為了要讓BMG技巧能夠被廣泛地運用在現場，常會重點式地選擇培育扮演重要角色的「技術傳道師」和資深管理階層。因此，在選擇討論主題時，必須選擇更貼近事業現場的主題才行。研習的目的在於讓參加者全都能以經營者角度來觀察並推動事業。正因如此，企業若能挑選負責拓展業務與開發新事業等任務的成員，並盡可能由來自與該事業相關的所有部門之人選，組成商業模式設計團隊，會較為理想。

在實施最初的研習時，應該要以舉辦討論會為主，為了描繪商業模式圖而進行團體討論。參與討論會的成員可以不必精通在其中探討的事業主題，但在最後必須由熟知該事業的市場環境現狀與通路的成員加入，以針對討論結果進行爬梳。

若組織先天條件使得成員對主題採取否定或消極的態度，則應該讓具有各種部門和業務背景的成員參加討論會，透過不受到既有成見侷限的意見，以刺激成員獲得新的發現。

在實施研習後，應針對做為主題、實際用於事業現場的商業模式，透過為其設計商業模式圖的方法進行檢驗。此外，在現場人員能夠自發性運用在討論會中學習到的技巧之前，透過反覆召開團體討論會、重新評估修正商業模式，並持續蒐集來自現場的意見反饋來追蹤成效，也是非常重要的。理想中，在管理職研習完畢後，應該要繼續舉辦讓中堅階層也能學習到同樣內容的討論會。如此一來，將能讓組織中有更多人懂得如何活用商業模式圖。

Part 1

Part 2

Part 3

Part 4

Part 5

Part 6

針對管理階層實施研習的流程

1. 起步	明確定義目標專案成員、事業課題以及研習的目的。
2. 定義專案要件	在分析課題與現狀的同時，對欲解決之課題範圍界定出共同目標，並透過BMG技巧交換彼此對該目標的認識。
3. 實施BMG討論會	透過討論會使商業模式視覺化、令創新的點子更加明確，並與參加成員共享。
4. 重新評估商業模式	將專案的商業模式與成員們共享之後，在實際執行商業模式的過程中進行檢驗，並實施解決問題的流程。
5. 事後檢討	除了評估、檢驗專案的商業模式之外，也要建立使往後得以持續創新的方針，並回顧至今的成果。

針對中堅階層實施研習

☐ 開發溝通能力

企業針對中堅員工實施研習時，大多以將來即將擔任各部門領導者的儲備幹部為中心，給予期待其將來能肩負組織重任的人才研習機會。他們若能掌握模式化技巧的精髓，進而用來評估己方今後方針的各種可能性，將會是最可能對創新商業模式有所貢獻的一群人。因此，不應該只侷限於貼近事業現場的商業模式設計相關訓練，而是應該把重點放在練習將腦海中的點子視覺化上面。此外，為了今後能夠擴大自身的業務領域，也應該促使他們多多理解顧客的商業模式。因此，除了讓他們練習將自家企業的商業模式加以視覺化之外，將其他公司的商業模式加以視覺化的練習，也是很有效的。特別是以正與自家公司競爭的其他公司，以及著名企業等為主題，將可更順暢的交換意見，有助於以更加客觀的觀點將商業模式視覺化。

在集中研習裡學習BMG技巧之後，應該盡可能提升討論會等活動的舉辦頻率，讓接受研習者可以習慣將商業模式視覺化的步驟，進而運用在事業現場。此外，跨越組織與部門的人才交流，在實際的業務上也很有效果，常會因此而使得推動事業的方式變得更有活力。

綜合以上諸點，或許我們應該把研習的重點，放在開發溝通能力與解決問題的思考方式等層面。

另一方面，在討論會進行的過程中，由於彼此立場的不同，對於主題的觀點也會有所差異。因此，討論過程活絡固然是好事，但也有著可能因為過程中的歧異而遲遲無法做出結論等問題。因此，在第一次召開討論會時，指派一名知識與經驗皆十分豐富的協調員來管理進度，是十分重要的。

決定彼此在討論會中扮演的角色相當重要

管理進度
（司儀）

確認時間
（時間管理員）

擔任發表者
（發表員）

負責作筆記
（會議記錄）

透過來自各部門與擁有不同經驗的參加成員，實施將商業模式視覺化的討論會。透過舉辦討論會，可以在組織內部培養出從平時起便很注重交換意見的傳統。舉辦討論會時，請記得預先決定出如圖這樣的角色分配。

什麼都沒有決定便開始討論會的情況

要從什麼開始討論起？

不清楚要決定什麼事情！

時間用完了……

●無法妥善管理時間
●偏向部分人的意見
●對討論會的目的缺乏共同認知，如不知道該從什麼討論起、無法掌握討論主題等

首次舉辦討論會時，
需要一名知識與經驗
皆豐富的協調者管理進度

Part 1

Part 2

Part 3

Part 4

Part 5

Part 6

針對新進員工實施研習

□團隊合作　□研習課表

運用BMG技巧對新進員工實施研習時，大多是為了令他們對自家公司有關的事業、顧客或商業夥伴的事業有正確的理解。

就現狀而言，針對新進或資歷較淺的員工進行研習時，與其開發他們在設計商業模式方面的能力，不如著重於提升他們的「自主性」和「解決問題的能力」，使他們成長為足以供企業運用的戰力，進而為他們創造工作上的動機。此外，也可以透過團隊合作的機會，訓練他們的討論與領導能力。

近年來，隨著環球化的推進，BMG的有效性也已在世界各國獲得認可，並因此而被認定為一種重要的技能。若員工能夠在新人階段便學習到一個足以掌握自家公司商業模式的架構，對於將其培養為一名能馬上派上用場的戰力而言十分有用。

研習課表由授課與討論會組成

針對新進員工實施研習時，如能妥善組合授課與討論會的比例，將可使員工樂在其中，不致感到無聊。隨著時間與目的之不同，也可以自由安排要採用半天或全天的課程。由於許多成員是第一次接觸到商業模式的概念，所以在規劃討論會時，請以參加人士都尚未理解自家公司商業模式做為前提。在過程中，必須使參加者理解自家公司與自身從屬組織的商業模式，並教會他們如何繪製商業模式圖等。在解說如何繪製商業模式圖時，選用眾所周知的著名企業，將有助於理解。新進員工在事業現場累積的知識與經驗雖然尚淺，但同時卻也擁有最接近消費者的心智——或許正因具備如此條件，才能夠讓他們成為對於設計新的商業模式有所貢獻的人才。下一頁的內文中，將以時間軸的形式為大家介紹，在一天的研習中的標準課表。

Part 1

Part 2

Part 3

Part 4

Part 5

Part 6

實施一整天研習時的標準時間分配

9:30-10:30 **對商業模式圖的理解**
使用商業模式藍圖來描述既存的事業。

10:30-11:30 **創新討論會**
進行商業模式創新的步驟，建構新的商業模式。針對特定區塊進行變革。

11:30-12:00 **介紹商業模式的種類**
介紹現正受到注目的商業模式。

12:00-12:30 **腳本分析**
分析今後的環境變化，寫出事業發展的腳本。

13:30-15:00 **順應腳本建構出商業模式（1）**
根據腳本建構出商業模式。

15:15-16:45 **順應腳本建構出商業模式（2）**
根據其他腳本建構出不同的商業模式。

17:00-17:30 **活用商業模式創新（BMG）技巧**
介紹將商業模式創新（BMG）技巧活用於現場的訣竅和提示。

Pers
C

PART 3

各種狀況下的實踐案例：
將商業模式創新
運用於提升個人技能的範例

onal
ase

將商業模式創新運用於
SOHO與個人

□商業模式YOU　　□模式化技巧

從個人到組織，在各式各樣的場合活用商業模式設計

對BMG技巧有興趣的各位，想必或多或少都對創新的靈感，以及如何將自己或自己正在執行的事業導向成功，感到興趣；或者，是正為了想要將新的事業導向成功，而積極窺伺著良機。

前面曾經提過，所謂模式化方法，是「邊做邊想」、「一邊嘗試一邊修正」，但絕不是走一步算一步。能夠客觀掌握自己身處的狀況，並明確找出課題以努力改善，和走一步算一步的行事方法有很大的不同。前者需要設計幾種不同的可能性，並且自發性地控制、推動事業。

當然，這樣的方法不僅適用於企業與組織，也可套用於個人身上。

以商業模式的角度來分析、理解自己，可以為自己設計出更多不同的可能性。這十幾年來，我們的工作方式發生了很大變化，企業與個人之間的關係也同樣改變了。所謂非正規的雇用模式，如今也已超過全體勞工的三成，許多人因被迫獨立而下定決心創業。

前面曾經提到，BMG技巧之所以能夠風行全世界且備受矚目，理由之一源於詭譎多變的商業環境，讓事業計畫往往跟不上變化；而這些條件，當然也會對個人的生活方式與工作方式產生影響。

在今後的時代中，一個人的工作方式，必須經過縝密的設計。

在此，除了闡述將BMG技巧運用於個人時的幾種情境外，也會一併介紹將自身當作商業模式來分析的「商業模式YOU」技巧。請以此做為將BMG活用於自身時的參考。

Part 1

Part 2

Part 3

Part 4

Part 5

Part 6

為自己設計工作方式的時代

進入必須為自己
設計工作方式的時代了！

人們必須將自己視為商業模式加以視覺化，
進而找出自己在做抉擇時的主體性有多少。

15歲以上經營管理階層以外勞工之正規・非正規雇用比率
（在工作場所職稱不詳者除外）2011年・男性

	0%	20%	40%	60%	80%	100%
總數			77.7%			22.3%
15-19歲	29.3%			70.7%		
20-24歲		57.9%			42.1%	
25-29歲			79.8%			20.2%
30-34歲			87.6%			12.4%
35-39歲			90.1%			9.9%
40-44歲			92.0%			8.0%
45-49歲			91.2%			8.8%
50-54歲			91.4%			8.6%
55-59歲			85.9%			14.1%
60-64歲	43.1%			56.9%		
65歲以上	28.0%			72.0%		

■ 正規
　 非正規

非正規雇用的比率有逐漸增
加趨勢，使得人們的工作方
式也轉趨多樣化。

出處：日本厚生勞動省2011年度版《國民生活基礎調查概況》

為即將開創的事業填寫商業模式圖

□商業模式圖的視覺化　□填寫商業模式圖的步驟

所謂的商業模式，簡而言之，便是組織為了獲得利潤所建立的架構。

因此，對於想要創業，或獨立開業的個人業主而言，第一步要做的便是檢驗設計好的事業之實用性與找出待解決的課題。如果在過程中發現問題，必須馬上加以改善才行。

一定要以組織為單位填寫商業模式圖嗎？

在前面曾經介紹過，透過舉辦討論會等團隊方式，可以較為有效地完成商業模式藍圖。不過，很多時候可能只有獨自一人，而無法進行團隊作業。因此，首先必須自己學會運用商業模式圖，試著將腦海中所想的商業模式加以視覺化。

透過藍圖將商業模式視覺化後，便可一目瞭然

在開始新的事業或業務時，許多人會在整體點子還很模糊的階段，便開始找別人商量，慢慢地讓點子成形、變得更加具體。然而，能夠妥善將自己腦海中的想法傳達給別人知道的人，其實並不多。

在這種時候，許多人會借重發表用的資料等來進行說明；然而，想要理解商業模式的關鍵與掌握課題所在，就少不了去分析其結構。因此，請將自己腦海中所想的商業模式，用一目瞭然、能夠簡潔地傳達給對方了解的形式，寫在商業模式圖上。

實際製作商業模式圖後，便會發現要寫得好其實並不容易。不過，在反覆嘗試之後，便會習慣相關的思維，變得比較簡單。只要有紙和筆，無論身在何處都可以畫出商業模式圖，因此建議您可以養成隨時隨地將所見所聞轉換成商業模式圖的習慣。

在此介紹如右邊所提到的步驟做為舉例，請自己進行調整與編排。

Part 1

Part 2

Part 3

Part 4

Part 5

Part 6

填寫商業模式圖的步驟

Step 1

整理企劃概要

（1）將進行中的事業企劃案之概要整理出來

Step 2

畫出商業模式圖

（2）將現狀所能思及的商業模式全貌填入藍圖中

Step 3

收集建議

（3）使用商業模式圖對能夠提供意見的成員或認識的人，介紹事業的要點，請他們發問或提供建議

Step 4

重新評估藍圖

（4）根據問題或建議重新審視商業模式圖，找找看裡面有沒有需要修正之處，盡可能不斷重複（3）與（4）的步驟

Step 5

修正商業模式圖

（5）修正為當下認為是最佳的設計，將其反映至藍圖上

Step 6

形成具體的策略

（6）根據修正完畢的商業模式圖，建立具體的策略和方針

開創新的事業

□網路商店的案例 □創業案例

若您正在規劃新事業、評估創業或獨立的可能性，必須從一開始就評估該事業的實質效益。一開始，往往只有一個人或有限的人數進行提案。

由於是全新的事業，為防範出現無法預料的課題，必須評估各方面的可能性。

此時，需要盡可能地提前做出商業模式圖，以便於在參考各方有識者的建議，與有該領域經驗者回饋的意見之後，調整出最合適的藍圖。

透過線上商務營運的送花服務

明確找出新事業與既存事業間的合作優勢，與可共享的資源，可望以更少的風險獲得更大的成果。在此舉任職於大規模連鎖花店的森山先生的例子進行說明。

（1）任職於大規模連鎖花店的森山先生，規劃了一個在網路上銷售鮮花的服務。他所任職的公司，是在日本國內擁有許多銷售點的連鎖禮品花店。

雖然該公司原本即有提供網購，但對網路商務這塊領域並未投注太多的資源。

（2）因此，森山先生決定規劃一個以線上贈花為主的事業企劃。

（3）森山先生在銷售鮮花固然經驗豐富，但在透過網路銷售這方面仍屬外行。他在準備創業資金與各種創業前置作業的過程中，發覺應該要能對人善加說明此商業模式的實質效益。因此，他製作了一份大家都能輕易理解的商業模式圖，並以此為基礎聽取同事與熟人對於新事業的建議。

（4）森山先生根據原本以贈禮花卉為主的業務經驗，將幫顧客準備贈禮與答謝用的花束定位為主力產品，以提高客單價。在評估自家服務能夠透過網路預約銷售，以及能夠送往日本全國指定場所的優勢之後，他認為贈花的價值不在於商品本身，而是在於收到的人的喜悅和驚喜等附加價值。因此，贈送花卉的日期與時間便顯得非常重要。

（下接96頁）

線上贈花服務（修改前）

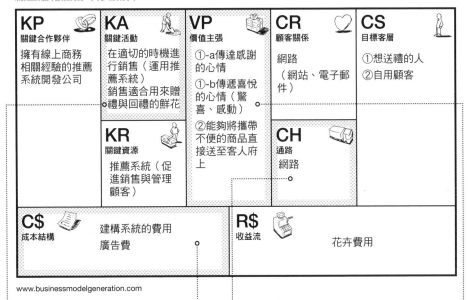

KP
關鍵合作夥伴

擁有線上商務相關經驗的推薦系統開發公司

KA
關鍵活動

在適切的時機進行銷售（運用推薦系統）
銷售適合用來贈禮與回禮的鮮花

KR
關鍵資源

推薦系統（促進銷售與管理顧客）

VP
價值主張

①-a傳達感謝的心情
①-b傳遞喜悅的心情（驚喜、感動）
②能夠將攜帶不便的商品直接送至客人府上

CR
顧客關係

網路
（網站、電子郵件）

CH
通路

網路

CS
目標客層

①想送禮的人
②自用顧客

C$
成本結構

建構系統的費用
廣告費

R$
收益流

花卉費用

www.businessmodelgeneration.com

需投入建構系統和進行廣告宣傳等初期費用

主要活動

基於此價值主張設定，牢記顧客需要送花的紀念日、母親節、生日等日期與時間，變得非常重要。因此，此商業模式特別重視建構出完善的推薦系統，以採用一對一行銷方式，針對已登錄的使用者，在紀念日等來臨前予以事前通知，促進其購買欲。

價值主張

專注在提供贈禮與回禮用的服務，能夠在生日與紀念日傳遞驚喜與快樂，便成為顧客眼中的價值。

雖以網路銷售為主，但欲開拓新客源，僅靠網路通路是不夠的。

Part 1
Part 2
Part 3
Part 4
Part 5
Part 6

重新檢視新事業的商業模式圖

□善用既有品牌　□提供附加價值

（上接94頁）

也就是說，能夠配合顧客想要送花給重要之人的紀念日或特別的場合，才能掌握最大的商機。

因此，森山先生採用了一對一行銷方式，並導入能夠針對曾經買過花的顧客的紀念日等，進行自動推薦的網路廣告系統，以求在這樣的顧客管理方法下，不僅能增加顧客，還能培養出忠誠的客群。

（5）在新事業剛開始時，最初的難關便是如何靠著自身的資金、募資、融資等，來募集足夠的事業資金。

當初，森山先生是就離開公司創業的可能性開始進行評估的。然而，在得到要著重於線上銷售的架構，與顧客管理的手腕，來進行區隔的結論之後，他體認到僅是依賴自己的資金，是無法負擔建構系統所需費用的。

因此，他轉而尋求讓所屬公司出資的做法。當時該公司內部在線上銷售這一塊尚未有很大的斬獲，因此他向公司提案，請求將他的企劃視為企業內部的新事業進行投資。

（6）另一方面，在森山先生的評估中，除了資金方面的困難，還有會買花送人的顧客雖然回頭率高，但存在有難以開拓新客群的問題。而森山先生所任職的公司業已建立起的品牌形象，已經讓許多顧客利用既有店鋪所提供的贈花服務。這一點也使得森山先生體認到，與既存事業合作將對新事業相當有幫助。

在明確找出新事業與既存事業之間合作的優勢，與能夠共享的資源之後，可望以更少的風險獲得更大的成果。藉此，森山先生在將自身所承擔的風險最小化的同時，也成功開創了他所企劃的網路銷售模式。

Part 1

Part 2

Part 3

Part 4

Part 5

Part 6

線上贈花服務（修改後）

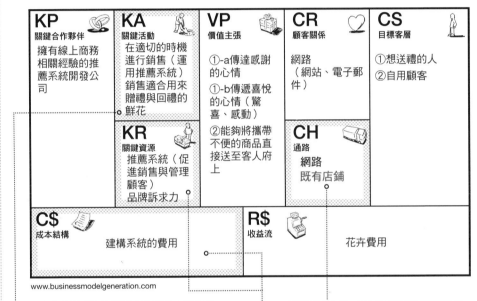

KP 🗨️	KA 🧹	VP 🎁	CR 💛	CS 🧍
關鍵合作夥伴	**關鍵活動**	**價值主張**	**顧客關係**	**目標客層**
擁有線上商務相關經驗的推薦系統開發公司	在適切的時機進行銷售（運用推薦系統）銷售適合用來贈禮與回禮的鮮花	①-a傳達感謝的心情 ①-b傳遞喜悅的心情（驚喜、感動） ②能夠將攜帶不便的商品直接送至客人府上	網路（網站、電子郵件）	①想送禮的人 ②自用顧客

KR 🪑
關鍵資源
推薦系統（促進銷售與管理顧客）
品牌訴求力

CH 🚚
通路
網路
既有店鋪

C$ 🧾	R$ 🗄️
成本結構 　建構系統的費用	**收益流** 　　　花卉費用

www.businessmodelgeneration.com

在鮮花的進貨等資源需求上與既有事業共享，以提高效率。

透過善加運用既有品牌訴求力，除了能夠將開拓新顧客所需的費用壓至最低外，從進貨到流通管道等通路的共享，也能提升整體事業的效率。另一方面，對顧客而言，傳統店鋪所沒有的通知生日與紀念日功能、提前預約等，都是附加價值更高的服務。這些優點獲得極高的評價，因此使得森山先生的創業資金獲得核可，成功創辦了新的事業。

除了網路之外，再加上透過既有店鋪引介顧客上網利用服務，以獲得精準度更高的顧客管理效果，並將顧客轉換為回頭客。

善加運用品牌訴求力，將廣告宣傳費用壓至最低。

運用於營業策略

☐營業事例　☐解決問題

對於必須達成個人銷售額目標的公司業務，或在獎金制的薪資結構下工作的人而言，許多人已經是把自己當成個人業者或經營者在工作了。

在工作的過程中，或許有人必須同時執行好幾種商業模式，或者覺得有必要建立一個跟目前所執行的相比，收益性更高的商業模式。此外，也有可能必須面對提升業務組織整體生產性的課題。

接下來，我們將為各位介紹一個善用商業模式圖，來制定與管理營業策略的事例。

業績直接反映至薪資

在此，我們以任職於接受委託開發軟體企業的細井先生為例，介紹他的商業模式圖。

細井先生的薪資結構採用獎金制，業績將會直接反映至薪資。由於公司分配給每季各自的預算，因此每到季末時，他都必須忙著四處跑業績。

然而，由於他的業務以接受委託開發為主，因此走一步算一步地拜訪客戶拉生意，往往會錯過對方正好有這方面需求的時機；或是因為客戶所需的規格尚未確定，尚無法下單。

因此，在特別需要的期間內靠著招攬生意的方式，來獲得理想數字並不容易。於是，為了制定更有效率的業務策略，他決定善加運用商業模式圖。

（1）有一天，細井先生聽說與他往來的大規模製藥商A公司，在每次用word製作的文件有更新時，都是用免費軟體或手動比對新舊文件的差異和製表。

由於他原本就擁有製作文書管理軟體的相關經驗，因此他向對方主動提案，建議幫忙設計功能更強、能夠正確比對出更新前後差異的軟體，並因此獲得訂單。

下一頁的商業模式圖便是當時他所製作的。

（下接100頁）

Part 1

Part 2

Part 3

Part 4

Part 5

Part 6

針對大規模製藥商A公司提出的商業模式圖

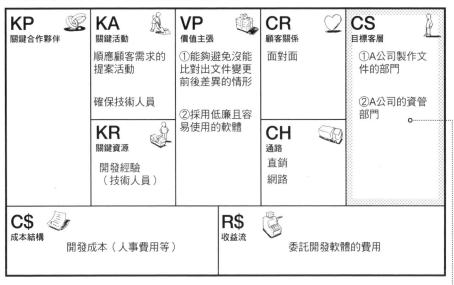

KP 關鍵合作夥伴	KA 關鍵活動 順應顧客需求的提案活動 確保技術人員 KR 關鍵資源 開發經驗（技術人員）	VP 價值主張 ①能夠避免沒能比對出文件變更前後差異的情形 ②採用低廉且容易使用的軟體	CR 顧客關係 面對面 CH 通路 直銷 網路	CS 目標客層 ①A公司製作文件的部門 ②A公司的資管部門

C$ 成本結構 開發成本（人事費用等）	R$ 收益流 委託開發軟體的費用

www.businessmodelgeneration.com

目標客層 ⋯⋯⋯⋯⋯⋯⋯

分為實際使用軟體的使用者部門，和評估·判斷是否採納開發完畢之軟體的資管部門。

橫向拓展商務模式

□成功事例的橫向拓展　□自訂化

（上接98頁）

針對曾經成功過的事例進行橫向拓展，是做生意的基本常識。除了比較容易統整出問題所在之外，在初期也只需要投入相對較少資源，便能獲得同等成功。

在此，我們針對之前所提到的細井先生，與向他下訂單的製藥廠商的事例（參考99頁）的商業模式圖進行分析。

（2）根據商業模式圖，從顧客方企業的角度出發，並分析過顧客所需的價值之後，細井先生發現其他製藥廠商也存在著同樣的需求。

也就是說，絕大多數的製藥企業都需要對負責監督的相關行政單位提交大量申請文件，且文件的修訂內容與履歷十分龐雜。對製藥企業而言，他們迫切需要的是一套能夠有效率、正確，且無缺漏地處理上述文書的軟體。

（3）於是，細井先生開始因應不同需求進行個別的解決方案，並針對擁有同樣需求的其他製藥廠商進行提案，使得他的事業能夠朝橫向拓展。

他所謂的解決方案，雖然只是以能夠讓顧客自訂軟體的文書差異進行比較的功能為主，但比起在接獲不同客戶的需求後從零開始開發，在人力和開發資源方面都能大幅刪減，使他得以承接更多量的訂單。

（4）有了這層優勢，所有的大規模製藥廠商都成了細井的潛在客戶。針對這樣的目標客層，他所能進行的提案本身也多了一些能夠供客戶自訂的選擇性。

於是，透過銷售套裝軟體，使他能為顧客解決各種問題，例如提供改善原本只能靠目測和比對工具來進行的業務之效率，以及減少人為錯誤等。同時，這也讓他能對顧客強調採用該軟體的優點，例如能夠提升組織的生產效率等。

此外，在同一個業界內已有其他企業採用該軟體，更成為他的一大優勢。

（下接102頁）

針對其他製藥廠商提出的商業模式圖

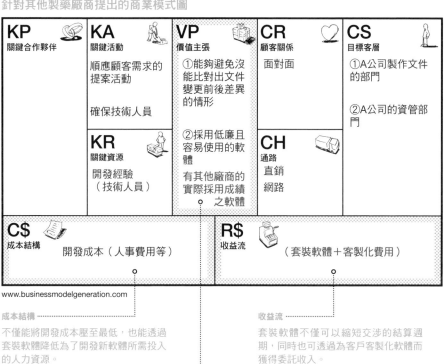

KP
關鍵合作夥伴

KA
關鍵活動

順應顧客需求的提案活動

確保技術人員

KR
關鍵資源

開發經驗
（技術人員）

VP
價值主張

①能夠避免沒能比對出文件變更前後差異的情形

②採用低廉且容易使用的軟體

有其他廠商的實際採用成績之軟體

CR
顧客關係

面對面

CH
通路

直銷
網路

CS
目標客層

①A公司製作文件的部門

②A公司的資管部門

C$
成本結構

開發成本（人事費用等）

R$
收益流

（套裝軟體＋客製化費用）

www.businessmodelgeneration.com

成本結構
不僅能將開發成本壓至最低，也能透過套裝軟體降低為了開發新軟體所需投入的人力資源。

收益流
套裝軟體不僅可以縮短交涉的結算週期，同時也可透過為客戶客製化軟體而獲得委託收入。

價值主張
已有其他企業採用的軟體，對於實際使用該軟體的部門，以及判斷是否使用該軟體的資訊管理部門而言，都是影響是否決定訂購的重要因素。

Part 1
Part 2
Part 3
Part 4
Part 5
Part 6

透過商業模式圖解決問題
□對顧客業界領域的理解　□跨足其他業種

（上接100頁）

將軟體推廣給製藥業界半數以上的廠商後，細井先生進一步調查‧分析，還有沒有其他業界可以運用相同模式。像他這樣在一個業界獲得一定的市占率之後，再摸索能否將同樣的模式複製至其他業界，可說是非常有效的方法。

（5）結果，他發現由於金融‧保險業界需要對主管機關提交大量申請核可的文件，平時在業務往來方面也必須締結大量契約書，因此同樣存在著龐大的潛在需求。

（6）其中，壽險公司在每次申請修訂保險約款核可時，都有提交新舊版本對照表的義務，是故比較新舊版文件對該業界而言，是不可或缺的業務項目。在必須用人力製作新舊對照表這一點上，該業界和製藥業界面臨著同樣的課題，也因此存在著同樣高的需求。

（7）於是，他開始試著針對保險業界製作一張商業模式圖。

藍圖完成後，他發現兩種業界間除了領域不同之外，在藍圖的內容組成上幾乎沒有太大的差異。

也就是說，細井先生只要能夠深入研究並理解顧客的業界領域，在進行新的提案活動時，不需要耗費太多的勞力，便能在拓展業務方面有新的斬獲。

因此，在制定下個年度業務策略時，他將目標從製藥廠商大幅轉換至保險業界，並打算藉此來達成業績目標。

整個過程中最大的成果，便是從碰運氣的業務模式，轉換為憑藉邏輯推論來「主動出擊」的業務模式。從登門詢問客戶的需求，到能夠察覺顧客潛在需求並進行提案，使他得以確立自己的商業模式。

這種方法的優點，在於就算成果不如預期時，還是可以收到某種形式上的效果。例如，在聽到客戶對於自己起初設想的價值主張的意見後，可能必須修正方向，或是順應市場環境的影響而變更目標業界領域等。然而，相對而言，也正因如此，才能夠根據原本的商業模式為主軸，判斷策略與決策是否正確，並迅速解決問題。

Part 1

Part 2

Part 3

Part 4

Part 5

Part 6

針對保險業界的商業模式圖

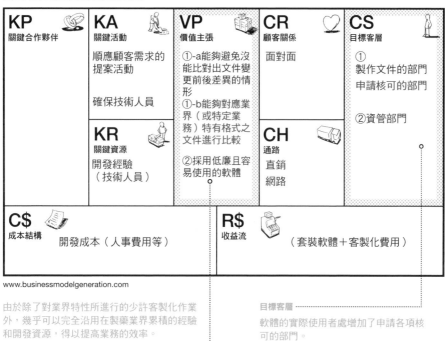

www.businessmodelgeneration.com

由於除了對業界特性所進行的少許客製化作業外，幾乎可以完全沿用在製藥業界累積的經驗和開發資源，得以提高業務的效率。

目標客層

軟體的實際使用者處增加了申請各項核可的部門。

價值主張

得以解決業界面臨的典型問題，將使此模式成為附加價值極高的解決方案。

如何讓簡報不再失敗

□企劃簡報 □事業計畫書

我想各位讀者常會有進行簡報的機會。在商業社會中，進行簡報的場合可說是對他人說明己方商業模式，並徵求決策的場合。各位讀者在做簡報時，主題可能大多是商品或服務的相關提案，或是對公司經營階級、投資者、金融機關等進行說明，以取得預算。用來說明上述主題的工具之一，便是所謂的企劃書。

對客戶提案時要用的企劃書，照理說已修改至接近完美；準備工作也十分充足；在現場更是將想說的話都說完了——聆聽簡報的聽眾反應也不錯，但為什麼簡報的結果還是失敗了呢？這種情況，特別容易發生在對自己口才有自信的人身上。

與其拘泥於企劃書中的一字一句，不如仔細思考應如何「抓住」聽眾的心，並使其信服。再出色的企劃書，要是無法使目標產生共鳴，也無法使決策的結果朝對己方有利的方向進行。

這一點，只要站在聆聽者的角度設想便不難察覺。畢竟，負責審核預算，且甘冒風險出資的人所要的，是一份能夠輔助他們進行判斷的資料。

商業模式圖最適合用來抓住對方的心

由於我進行簡報的對象大多是企業的經營管理階層，因此能夠在有限時間內讓聽眾大致上縱觀整體全貌的提案內容，會比較容易獲得對方接受。因此，在需要說明事業整體的現狀和目前的課題時，我會選擇使用商業模式圖。

在解說時，我會將商業模式圖附加在投影片檔案中，透過解說該頁的內容來促進聽眾對事業全貌的理解。由於BMG是一種已被證實相當有效的技巧，同時商業模式圖在當今正逐漸成為用來解釋商業模式時的共通格式，因此相當適合用來合理地分析一個組織的商業活動。

此外，在提案後過了一段時間、需要針對企劃的提案內容進行評量時，我也會同時列舉出最初提出的商業模式圖，與其中的變更點，以進行比較。

Part 1

Part 2

Part 3

Part 4

Part 5

Part 6

運用商業模式圖的企劃書範例

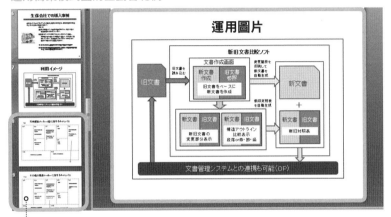

在以簡報軟體製作的企劃書投影片中使用商業模式圖，有助於讓聽眾可以更容易掌握事業目前的全貌和問題所在。同時，不僅可以簡化簡報內容，也可以做為輔助對方進行判斷的資料。

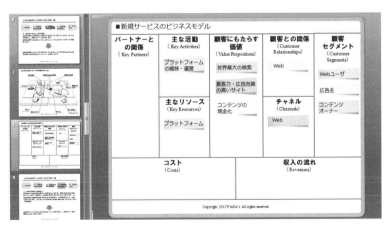

在為了募集資金而進行說明等場合運用商業模式圖，可以縱觀商業模式的整體面貌。

客觀分析／推銷自身

□個體的商業模式　□個人業者

近年來，個人業者、約聘員工和自由接案等，非正規雇用型態占整體勞動人口的比例正逐年增加。這種就業型態，雖然有著能夠按照個人能力獲得相對的收入、在時間上和空間上比較不受拘束等優點，同時卻也必須面對現實層面上的考驗，如必須設法確保安定的收入，以及未必能接獲想要的業務等。

在這種勞動型態當中，能否將「自身」做為商業題材推銷出去，將是左右成敗的關鍵。因此，這樣的狀況下，講求的是用分析組織商業模式的方式，將自身當成一個商業模式來進行客觀分析。

由零散的商業模式集合而成組織的商業模式

每個組織，一定都存在著屬於它的商業模式。如果說，該商業模式是由負責從事商業活動的每個個體集合起來所形成的；那麼，以此觀點分析，將更好掌握身在其中的自己，如何執行業務、提供何種價值。在此前提下，若能準確分析對手的需求，自然能夠明確找出該如何推銷自己的方法。

例如，若想要對顧客企業提議雇用自己擔任顧問，就必須先針對該企業如何滿足它們末端使用者的需求進行提案。

為達此目的，必須充分理解顧客企業所應提供的價值——同時這也是用來滿足末端使用者的價值。

進行上述分析時，所需要的是類似B to B to C形式的思維，需顧及顧客另一端的潛在顧客，以及與其之間的商業模式。

另一方面，若您置身於組織中，則企業雖為您的雇主，但也可視為是為了您的價值而付出相對價金的顧客。

在當今時代，思考「萬一自己現正任職的公司明天突然破產了，該怎麼辦？」這樣的問題，已經不能算是不著邊際的空想。能夠透過商業模式技巧來分析自己，並且在必要時適切強調自身優點，是職場人士不可或缺的技巧之一。

企業商業模式的組成

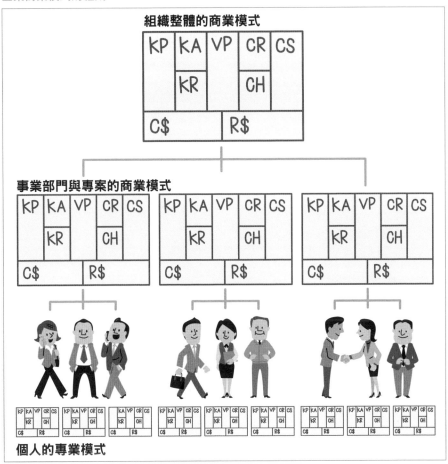

組織整體的商業模式

事業部門與專案的商業模式

個人的專業模式

例如，將企業整體的商業模式加以細分，可以分為各
事業部門和專案等，以部門為單位的商業模式。同樣
再進一步細分，則不難看出組織整體其實是由個體的
商業模式所組成。

Part 1
Part 2
Part 3
Part 4
Part 5
Part 6

考慮轉部門或轉職

□職涯設計　□個人商業模式圖

在理解組織的商業模式之後，回頭審視自己的業務時，許多人想必會覺得目前的工作和做法存在著問題吧。

在這種時候，或許有人為了設法打破現狀，會到轉職網站上留資料，或試著透過各種關係來換工作。

BMG技巧雖然主要探討組織的商業模式，但建構出此技巧的核心成員之一提姆西・克拉克先生，也曾經發表過針對個人的「商業模式YOU」（Business Model You）。

所謂的「商業模式YOU」，是進一步拓展BMG技巧，將自身的價值套用商業模式框架，以擬定策略。這是讓人能夠找出自身的優勢、看重的價值觀為何、今後應提升何種能力等自我價值，並主動開拓職涯歷程的劃時代方法。

個人商業模式的思維便是一種模式化方法

我想大多數人都是在機緣巧合下找到目前的工作，而非一開始就按照自己的計畫走上那一行。

不過，放眼上述大多數人的個人職涯，其實有許多人已在無意識間採納了模式化方法。當然，還是有人從年輕時起便抱持著「想要當醫生」或「想要當工程師」的想法，並且也真的實現了夢想，但大多數人都是在理想與現實間不斷反覆摸索。

使用個人商業模式圖，可以減少摸索的流程，主動為自己設計出理想的職涯規劃。

Part 1

Part 2

Part 3

Part 4

Part 5

Part 6

個人商業模式圖（個人藍圖）

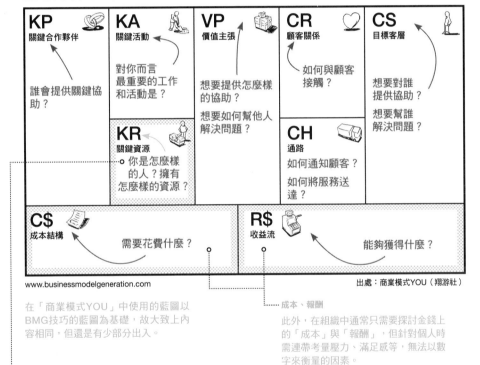

www.businessmodelgeneration.com

出處：商業模式YOU（翔游社）

在「商業模式YOU」中使用的藍圖以
BMG技巧的藍圖為基礎，故大致上內
容相同，但還是有少部分出入。

成本、報酬

此外，在組織中通常只需要探討金錢上
的「成本」與「報酬」，但針對個人時
需連帶考量壓力、滿足感等，無法以數
字來衡量的因素。

關鍵資源

對個人而言，關鍵資源是「您自己」。
您的興趣、技能、能力、個性與資產等
可以填入此處。

軟體維護工程師的案例

□ 商業模式圖分析

在此,以一名擔任技術人員的高井先生做為例子。

高井先生在開發行動裝置用應用程式的公司,擔任軟體維護工程師。由於他在軟體維護方面已有十年以上的經驗,且在該公司也任職了超過三年以上,因此被任命擔任軟體維護部門的經理。

為行動裝置開發應用程式的市場目前相當活絡,而軟體維護部門負責在銷售・交貨後,針對客戶的諮詢以及代理商的要求一一進行處理,可說是非常忙碌。然而,多虧他在此領域已有長年經驗,且本人的性格也相當善於社交,所以公司對他的表現評價相當高,期待他能帶領團隊成長。高井先生負責帶領的團隊共有十名成員,因此必須在所在部門下的熟悉小組中,同時兼顧管理職務和工程師的工作。

晉升為管理職之後,不僅加了薪,在組織中也開始嶄露頭角,順利地不斷累積業務成果。對於必須兼顧管理業務和工程師的職務,使得工作量增加這一點,他並沒有特別感到不滿。然而,他卻也因為感受到單純身為一個工程師時所沒有的壓力,進而開始認真考慮轉換跑道。

接下來,就讓我們為高井先生製作一張只屬於他自己的商業模式圖吧。填寫個人的商業模式圖時,關於成本結構的區塊,需要填入進行主要工作時所花費的時間、精力,以及金錢等。

在高井先生的商業模式圖中,除了自身原本具備「擅長與人溝通協調」的資質外,也因為職務上需求,必須在不受個別成員的情緒影響下協調團隊,並使產能最佳化,使得他心中新的使命感油然而生。在個人的商業模式圖中,於成本結構的區塊,需要將諸如上述這類於從事業務時所需花費的時間,和承受的壓力等要素,都填寫進去。

Part 1

Part 2

Part 3

Part 4

Part 5

Part 6

高井先生的商業模式圖

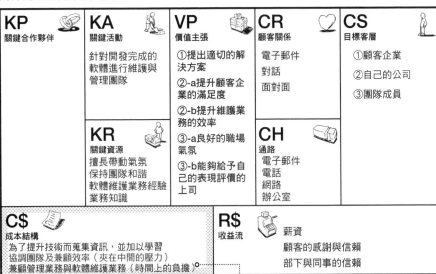

KP 關鍵合作夥伴	KA 關鍵活動	VP 價值主張	CR 顧客關係	CS 目標客層
	針對開發完成的軟體進行維護與管理團隊	①提出適切的解決方案 ②-a提升顧客企業的滿足度 ②-b提升維護業務的效率 ③-a良好的職場氣氛 ③-b能夠給予自己的表現評價的上司	電子郵件 對話 面對面	①顧客企業 ②自己的公司 ③團隊成員
	KR 關鍵資源 擅長帶動氣氛 保持團隊和諧 軟體維護業務經驗 業務知識		CH 通路 電子郵件 電話 網路 辦公室	

C\$ 成本結構	R\$ 收益流
為了提升技術而蒐集資訊，並加以學習 協調團隊及兼顧效率（夾在中間的壓力） 兼顧管理業務與軟體維護業務（時間上的負擔）。	薪資 顧客的感謝與信賴 部下與同事的信賴

www.businessmodelgeneration.com

成本結構

在商業模式圖中，請試圖標出自己最想改善的問題。分析該處會對自己的商業模式圖造成何種影響，是相當重要的步驟。

著眼於關鍵資源

□興趣、能力‧技能、個性、人脈……

個人的關鍵資源

填寫個人所擁有的資源時,務必將焦點集中在「自己是怎麼樣的人」上面。具體而言,用來描述自己是個怎麼樣的人的方式,包括興趣、能力‧技能、個性、其他特質,以及自己所擁有的知識、經驗,以及個人‧領域專業相關人脈、有形與無形的資源。其次,則是個人的能力和技能。所謂的能力,在此指的是一個人與生俱來的才能。

另一方面,技能則是透過學習而獲得的才能,也就是由訓練和學習賦予一個人的能力。包括看護、財務分析、建築和編寫電腦程式等,都可歸類於此類。

從高井先生的商業模式圖可以看出,原本他是因為能夠帶動團隊氣氛、提升成員動機,而獲得上司賞識,並得以晉升為管理職務。

另一方面,由於他身為工程師的經驗與能力也頗受好評,因此置身於團隊中也能充分發揮其長才。既然「兼顧協調團隊與提升效率」這件事難不倒高井先生,他又為什麼會對公司交付的這項任務感到壓力呢?

若重新將焦點放在他的關鍵資源,可以看出他除了擅長帶動團隊氣氛之外,還有著以和為貴、努力維持團隊和諧的個性。

因此,當他只是一名一般的技術人員時,他可以將社交能力發揮至最大極限,與上司和團隊內的夥伴保持良好關係;然而,當晉升為經理之後,在提升團隊效率與產能的目標上,便必須和每名成員的個人利益站在相反立場,從而產生矛盾。

因此,高井先生與公司方面協商,希望往後可以不必負擔經理職務的責任,而僅以工程師的身分為團隊效力。於是,公司便安排他改以資深工程師的身分,換個形式來繼續帶領團隊成長。

結果,高井先生如今不僅對於薪資相當滿意,同時也避免了必須離開熟悉的職場另謀出入的窘境。

Part 1

Part 2

Part 3

Part 4

Part 5

Part 6

高井先生的商業模式圖

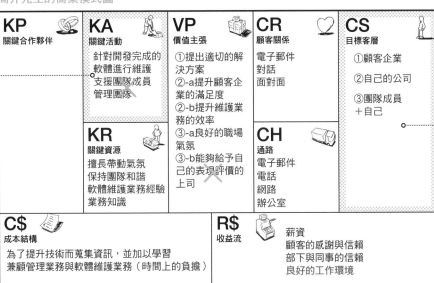

KP 關鍵合作夥伴	KA 關鍵活動	VP 價值主張	CR 顧客關係	CS 目標客層
	針對開發完成的軟體進行維護 支援團隊成員 管理團隊	①提出適切的解決方案 ②-a提升顧客企業的滿足度 ②-b提升維護業務的效率 ③-a良好的職場氣氛 ③-b能夠給予自己的表現評價的上司	電子郵件 對話 面對面	①顧客企業 ②自己的公司 ③團隊成員 ＋自己
	KR 關鍵資源 擅長帶動氣氛 保持團隊和諧 軟體維護業務經驗 業務知識		CH 通路 電子郵件 電話 網路 辦公室	

C$ 成本結構	R$ 收益流
為了提升技術而蒐集資訊，並加以學習 兼顧管理業務與軟體維護業務（時間上的負擔）	薪資 顧客的感謝與信賴 部下與同事的信賴 良好的工作環境

www.businessmodelgeneration.com

主要活動

在消除造成壓力的來源，也就是管理軟體維護團隊的職務之後，不僅無須變更主要業務內容，同時問題也獲得解決。

目標客層

在此試圖將改善問題所在區塊的設計反映至藍圖中。高井先生透過將自己當作顧客，除了為自己爭取到更佳的工作環境之外，同時也對另一名顧客，也就是公司做出貢獻，可說是找到了雙贏的解決方案。

專業職種的商業模式圖範例

☐ 專業職種的商業模式圖　☐ 把握現狀

接下來，讓我們介紹美容保養師花木先生的例子。

在專業性高的業界生存

每當我舉辦練習製作個人商業模式圖的討論會時，經常聽到來參加的人表示，在填寫自己的商業模式圖時，最難填的是關鍵資源那一格。

要寫出自己與生俱來的才能為何，或許的確不容易；然而，若是後天學會的技能，應該比較好列舉出來才是。

在填寫個人商業模式圖時，關鍵資源與能夠對顧客提供的價值之間的關係，往往是非常重要的。

不管在哪一個行業，豐富的經驗都會成為自身的一大優勢。不過，對於專業職種來說，經驗是分外重要的關鍵資源。

花木先生曾在大規模化妝品製造商母公司旗下的美容沙龍中，擔任過十五年美容保養師。該美容沙龍主要接待上流階層的客群，是以技術力為賣點的高級沙龍，在顧客間頗受好評。花木先生不僅以負責接待客人的美容保養師的身分，累積了長年經驗，同時也有過指導後進的經歷。

由於打從新人時起，便一直在同一個職場持續累積經驗，不僅長年光顧該沙龍的老顧客對他的評價很高，他本人也建立起身為專業美容保養師的自信。在屆齡退休前夕，他獲得公司拔擢，取代前任店長成為新的店長。

由於店長的業務種類繁多，包括企劃和徵求新的服務品項、與媒體應對、管理員工、向母公司報告，以及管理預算等，都必須親力親為，因此在慣例上，店長是不需要接待客人的。

因此，花木先生也沿襲此一慣例，由美容保養師成了店長。在此，讓我們為他製作一張擔任店長時的商業模式圖。

Part 1

Part 2

Part 3

Part 4

Part 5

Part 6

花木先生的商業模式圖（店長時代）

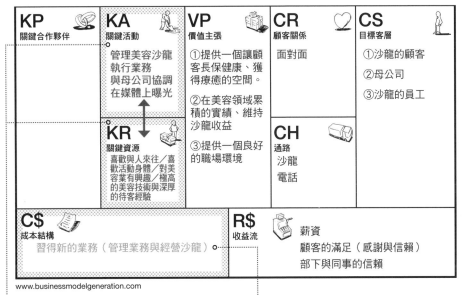

KP 關鍵合作夥伴	KA 關鍵活動	VP 價值主張	CR 顧客關係	CS 目標客層
	管理美容沙龍 執行業務 與母公司協調 在媒體上曝光	①提供一個讓顧客長保健康、獲得療癒的空間。 ②在美容領域累積的實績、維持沙龍收益 ③提供一個良好的職場環境	面對面	①沙龍的顧客 ②母公司 ③沙龍的員工
	KR 關鍵資源 喜歡與人來往／喜歡活動身體／對美容業有興趣／極高的美容技術與深厚的待客經驗		CH 通路 沙龍 電話	

C$ 成本結構	R$ 收益流
習得新的業務（管理業務與經營沙龍）	薪資 顧客的滿足（感謝與信賴） 部下與同事的信賴

www.businessmodelgeneration.com

關鍵資源、關鍵活動

另一方面，原本理想上關鍵資源與關鍵活動之間應該彼此相關，然而花木先生在成為店長之後，主要業務變得和他的關鍵資源相去甚遠。

成本結構

被拔擢為店長之後，雖然必須學習從未有過相關經驗的業務知識，然而幸好花木先生在短時間內便學會如何經營和管理沙龍，並運用自如。

審慎評估創業的可能性

□掌握動機

花木先生雖然對於升任為店長沒有什麼不滿之處，然而在學會新的業務內容之後，卻也因為無法將長年以來所學會的技能加以運用，而開始對現狀感到疑問。店長業務固然重要，但果真是非自己不可嗎？基於這樣的想法，他開始重新審視自身。

原本他便對美容有興趣，讓客人變得漂漂亮亮這件事總是帶給他喜悅。此外，累積十五年以上的美容現場經驗，也是他的自信來源之一。而天生善於與人應對，也使得他不管接待什麼樣的客人，都獲得一致好評。

看清動機的源頭

在這樣重新審視過自己所擁有的資源之後，他開始覺得與其當店長，還不如回頭當個美容保養師，才能讓自身的資源在關鍵活動中有所發揮。

於是，透過擔任店長的經驗，學會如何經營美容沙龍的花木先生，便下定決心要開一間屬於自己的美容沙龍，以實現能夠同時擔任美容保養師並經營沙龍的業務型態。

從那之後開始，花木先生便更加積極磨練自己身為美容保養師的技術，以提供其他美容沙龍難以望其項背的高品質服務為目標，而不斷努力。

在從事醫療、看護、心理諮商師或教育等，主要價值為提供他人療癒、對他人有所幫助的職業時，相信許多人的強烈動機，是來自於受到別人感謝，或看見別人因自己提供的服務感到喜悅。

用來當作尋覓天職的工具

在這樣的情況下，比起地位、職位和報酬，顧客的滿足感以及自身的滿足感，往往對於工作的成就感有著更加決定性的影響力。能夠看清楚自己的動機來自於何處，對於尋找一個能夠做得長久的工作，也就是所謂的天職，想必會很有幫助。

Part 1

Part 2

Part 3

Part 4

Part 5

Part 6

花木先生的商業模式圖（創辦沙龍）

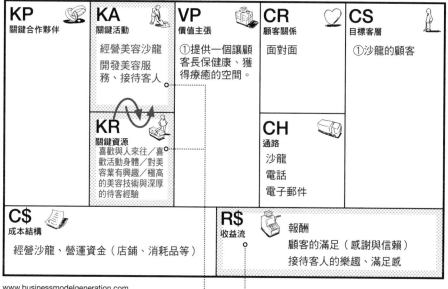

KP
關鍵合作夥伴

KA
關鍵活動

經營美容沙龍
開發美容服
務、接待客人

KR
關鍵資源
喜歡與人來往／喜
歡活動身體／對美
容業有興趣／極高
的美容技術與深厚
的待客經驗

VP
價值主張

①提供一個讓顧
客長保健康、獲
得療癒的空間。

CR
顧客關係

面對面

CH
通路

沙龍
電話
電子郵件

CS
目標客層

①沙龍的顧客

C$
成本結構

經營沙龍、營運資金（店鋪、消耗品等）

R$
收益流

報酬
顧客的滿足（感謝與信賴）
接待客人的樂趣、滿足感

www.businessmodelgeneration.com

自己開了沙龍之後，使得這份商業藍圖的特
性，成為能夠同時運用自身的關鍵資源，以
及經營方面的經驗。在這樣的變更下，由於
關鍵資源與關鍵活動之間的關聯性變高了，
因此形成對他而言，滿意度更高的商業模
式。

收益流

由於親自接待客人，花木先生將可直接
接收到來自顧客的反應，因此在報酬中
增加了接待客人方面的樂趣與滿足感。

Pra

ctice

PART 4

設計並執行商業模式

分五個階段設計商業模式

□設計原型　□模式化方法

之前已於書中介紹過填寫商業模式圖的四個步驟（詳見本書P35）。然而，在進行實際的商業活動時，僅是描繪出藍圖並沒有任何意義。

之所以會這麼說，是因為在現實中，商業模式創新幾乎不會是偶然產物。所謂的商業模式創新，是透過將商業活動轉化為有條理的程序並加以管理，以激發組織整體的所有潛能。然而，當因此而產生問題時，也必須秉持著耐心加以處理；因此，為了開發出令人滿意的嶄新商業模式，勢必得經過與分析等量的失敗。

在充滿不確定性的市場中，必須為各種可能性做好準備、建立原型，並配合業務最前線的狀況，設計最適合的模型後，且反覆不斷嘗試──這樣的過程，便叫做「模式化方法」。透過這樣的設計思維，才能創造出有競爭力的嶄新商業模式。

關於設計商業模型的過程，在此區分為準備→理解→設計→執行→管理五個階段進行說明。

請試著將至今多少在腦海中激盪過的想法加以視覺化，和團隊共享、爬梳吧。就算覺得自己應該對狀況理解得相當透徹，透過實際完成模型的作業過程，將可以把想法進一步設計為能夠具體運用在實務上的商業模式。

此外，最重要的，是要對於積極設計並進行檢驗的流程，有著充分的認知與心理準備。一開始憑著感覺走也不打緊──能否理解這樣的做法，將會對於業務的推展有著極大的影響。想要重新審視一直以來用被動態度執行的商業行為，並化被動為主動以「積極地加以設計並選擇出最好的執行方式」，必須事先掌握己方所推動的商業行為，對顧客有著什麼樣的意義，而組織又必須相對做出什麼樣的應對。這樣的一層認識，亦將成為自己在組織中應採取何種行動的重要指針的參考。

Part 1

Part 2

Part 3

Part 4

Part 5

Part 6

模式化方法

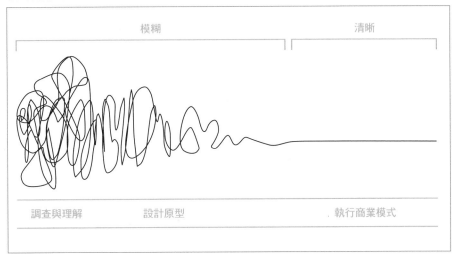

模糊　　　　　　　　　　　　　清晰

調查與理解　　　　設計原型　　　　　　執行商業模式

本圖表現出設計商業模式過程的特徵，清晰呈現了原本紊亂如纏繞成一團的義大利麵般的思緒，透過設計行為而逐漸被爬梳為清晰的狀態。透過在設計商業模式的過程中，反覆釐清諸多可能性與不確定的環境因素的過程，可以逐漸使商業模式更加成熟，成為具有實質效益的模式。

資料出處：Damian・Newman（Central出版）
《獲利世代》（早安財經文化）

設計商業模式的五個階段

階段一	階段二	階段三	階段四	階段五
準備	理解	設計	執行	管理

做好準備＝蒐集資訊、建立團隊

□設計商業模式　　□建立團隊

為了設計商業模式所執行的專案

不管做任何事，一開始的準備工作都是最重要的一環。在第一個階段中必須做的，便是「訂定專案的目的、測試初期的點子，並且規劃專案內容和建立團隊」。就算您打算獨自著手設計商業模式，在此階段也應該要假設自己有一個虛擬團隊，提供蒐集資訊與提供建議的功能。

若是為了進行研習而採用商業模式設計方法，則在準備階段同樣需要設定目的與目標、選擇研習實施對象等——因為這些決定事項將會決定研習成功與否。在此最初的階段中，能否建立專案團隊並接觸到正確資訊，是非常重要的。請在此階段做好準備，設法找來具備豐富業界經驗、能提供豐富點子，或擁有廣大人脈的人才，或至少能夠和符合上述條件的人才進行請益。

對擁有決定權的人進行報告

和上述準備工作同樣重要的，便是向擁有決定權的人報告接下來即將進行的重大計畫，讓專案得以更順利進行。由於專案往往會橫跨組織與許多人相關，因此在事前務必和管理階層溝通專案的必要性，並獲得必要的協助。想要確實獲得協助的不二法門，便是在專案一開始便讓最高管理階層直接參與其中。

在組織中，不見得所有人都對改革現有的商業模式感興趣。在說明時，切記不能只是強調商業模式的概念層面，而是必須一併說明實務方面的益處。此外，事前與相關部門協調，以在發生問題時可以迅速解決或規避風險，也是相當重要的。

Part 1

Part 2

Part 3

Part 4

Part 5

Part 6

讓為了設計商業模式所執行的專案成功所需的準備

需要的行動	●決定專案目的 ●檢驗初期的商業模式idea ●訂定專案計畫 ●建立團隊
成功因素	●適切的成員 ●知識與經驗
注意事項	●從一開始便過度評估商業模式idea的可能性

閱讀相關書籍、查閱各種資料、進行市場調查等，以及蒐集包括公司內部資訊在內的業界資訊，都是相當重要的作業。

深入了解＝調查・分析目標

□評估各種狀況　□融會貫通所得資訊

在PHASE 2中，必須針對設計商業模式時所需的要素進行調查與分析，以加深對該領域的理解。在此階段中，重點在於對一般被該業界認為是常識的思維，與既有商業模式抱持懷疑的態度。早前在本書PART 2中所介紹的QB HOUSE等實例也曾經提過，與所謂業界常識迥異的新思維，正是創新的源頭，有時甚至可以藉此開拓出全新市場。

為了調查商業模式所處的環境背景，必須視需要多方面進行市場調查、客戶分析、訪問該領域專家、調查其他競爭對手的商業模式等。試著去描繪出競爭對手的商業模式圖，不僅對於創新模式很有效，在想要為既有的商業模式帶來變化時也很有幫助。

在近年來的商場上，除了同行的其他公司之外，我們往往也不能輕忽關注其他相關企業與其競爭對手的動向。例如，若您置身於線上銀行業，則您所關注的對象就不能僅僅侷限於傳統銀行業，而是應該將觸角延伸至便利商店、大宗網購平臺，以及物流公司等潛在對手。

將大量資訊融會貫通

為了加深對業界的了解，您必須將來自客戶與專家等處的大量資訊，加以融會貫通、納為己用。在設計商業模式圖時，也應準備數種不同的底稿；或是透過舉辦討論會等方式，評估各種不同的狀況。同時，也應該盡可能設法及早測試新商業模式的方向性是否正確，而非固守既存的客群。所謂討論會的用途，簡單來說就是提出一個刻意營造的偶發狀況來協助進行驗證。透過招募各式各樣擁有不同背景與經歷的人來參加，或許能夠獲得新的收穫。

然而，如果花太多力氣在分析作業上，看在管理階層眼中往往顯得產能過於低落，若因此令他們打消持續給予專案奧援的念頭，就本末倒置了。記得，要適時針對調查得來的商業模式概況與進度，做出報告。

Part 1

Part 2

Part 3

Part 4

Part 5

Part 6

設計商業模式時所需的調查和分析工作

需要的行動	●環境調查 ●研究潛在客戶 ●訪問業界專家意見 ●分析至今失敗案例及其原因 ●蒐集點子與選項
成功因素	●對既有市場提出質疑 ●對潛在市場的理解 ●定義目標市場
注意事項	●過於投入調查反而會偏離原本設定的調查目的 ●抱持先入為主的觀念調查將受限於偏見

透過舉辦討論會以及和相關人士
討論，以加深理解並進行評估。

設計＝創建原型

□修正與變更商業模式　□開放式的設計方法

在PHASE 3中，必須審慎評估商業模式面臨的各種選項，並從中做出最佳選擇。想要創造出大膽且創新的點子，必須預留充裕的時間給尋找大量點子才行。除此之外，也必須針對多種商業模式徵求專家與未來客戶的意見，以視需要修正、變更商業模式。視實際商業模式原型的需求，有時也必須進行實際的市場測試。例如，透過監測調查或提供測試版的方式，來獲取潛在客戶的意見，或是請親近的家人或熟人提供直率的建議。若能盡可能從貼近客戶的角度進行市場測試，將可使人對下一步抱持著更多的信心。

開放式設計是有效方法

為了跳脫固有概念，執行各式各樣商業模式的可能性，必須讓設計團隊保持開放風氣。若能以來自不同部門、有著不同背景的成員組成開放式團隊，則更加理想。就算期間有了批判性的意見反饋，也會對於事先規避執行時可能遭遇的障礙有所助益。

此外，在此階段容易遭遇的問題，是團隊提出的點子往往會流於，在短期內立刻就能獲得利潤的方向去發想。特別是在大企業等組織中，總是「習慣」要在短期內創造營收，導致這類模式的相關點子容易獲得採納。然而，在摸索新的商業模式時，也必須從長遠的觀點來思考，才不會錯失將來的成長機會。即使是乍看之下沒什麼利潤可圖的商業模式，也有可能放在中長期的架構下來檢視時，會是個有極大發展空間的優異設計。為了不讓這樣的潛在機會白白溜走，做好周詳的檢驗，測試其是否有充分的實際效益是非常重要的環節。

Part 1

Part 2

Part 3

Part 4

Part 5

Part 6

審慎評估商業模式面臨的各種選項，並從中做出最佳選擇

需要的行動	●腦力激盪 ●製作商業模式原型 ●測試並評估商業模式 ●選擇最適合的商業模式
成功因素	●橫跨組織各部的成員結構 ●不受現狀所侷限的發想 ●足以摸索多種商業模式構思的時間
注意事項	●排除思維過於跳躍的點子 ●輕易認定某個點子是好主意

善用商業模式圖，才能從各種可能性當中選出公認最佳的商業模式設計。

執行原型

☐商業模式計畫　☐意見回饋

在PHASE 4中，必須執行商業模式的原型。若已完成最終的商業模式設計，則需於此時製作實際的業務計畫。在業務計畫中，必須針對專案的定義、里程碑、預算、產品規劃做好準備，以便讓設計出來的商業模式得以運作。

在執行原型的過程中，常會發生風險、收入與原本的期待值不符的情況。此時，最重要的便是比較實際與預估之間的落差，並配合來自市場的回饋迅速調整商業模式，使其適應市場的需求。

例如，推出新服務後使用者突然暴增，若不趕緊準備能夠處理並回覆消費者不滿的管道，使用者的不滿情緒很快便會一發不可收拾。諸如此類能夠快速處理各種障礙的機制，也必須於事前便納入考慮。

開放式方法也適用於執行階段

前面曾經提過，在執行新的商業模式時，從最初的階段便採用開放式的專案團隊架構，是很有效的做法；這一點在執行階段也是一樣的。

透過在設計階段便讓橫跨組織各部的成員參加專案，可以在執行計畫前便發現障礙，或者在障礙發生時可以得到更多的協助。

此外，若新的商業模式在執行過後逐漸上軌道，就必須打造一個適合新的商業模式的組織結構。當然，此時是要選擇成立一個獨立的新組織，或是以母體企業的業務部門之一的形式來持續發展，則需視新模式是否能與既有的商業模式分享資源等條件而定。

當然，為了能夠正確傳遞與新的商業模式相關訊息，以順利獲得所需的協助，兼具提升專案知名度與啟蒙功能的宣傳活動，更是少不了。

執行商業模式的原型

需要的行動	●透過交流與擴大牽涉層面拓展業務規模 ●執行
成功因素	●專案管理 ●能使商業模式迅速適應實際情況 ●新舊商業模式間的相互提攜
注意事項	●若氣勢轉弱將有可能就此逐漸自然消滅

想要檢驗實際執行的專案原型，可以透過在展覽會提供樣本參展、對潛在客戶進行監測調查、團體訪談等方法汲取意見，以迅速掌握現狀瓶頸。

Part 1

Part 2

Part 3

Part 4

Part 5

Part 6

管理商業模式
☐進行調整與重新評估　☐專案組合管理

在PHASE 5中，必須配合來自市場的意見回饋逐步調整商業模式。創造新的商業模式與重新審視既存的商業模式，往往是一個成功的組織需要永續不斷執行的任務。為了能在管理階段便對市場環境與顧客等外部因素，將在今後造成何種影響、該如何應付等事項有充分理解，必須持續評估商業模式和調查市場環境。

業務內容是持續成長並不斷變化的。某些時候，甚至需要反覆從PHASE 1從頭來過。

順應市場的變化

為了評估商業模式，請務必考慮組織一個橫跨組織各部的團隊，讓他們定期舉辦討論會。這種做法對於判斷是否需要調整和重新評估商業模式十分有效。

隨著市場成長，能否更加積極主動處理問題，也會變得日益重要。若能以組合（Portfolio）的方式來管理商業模式，事先準備數種不同方案，便能更加迅速因應各種變化。也就是說，理想上商業模式必須具備彈性，讓團隊能順應實際狀況迅速調整為兼顧安全性與高收益性的商業模式，或是能夠適應市場環境變化的商業模式。

如今成功商業模式的生命週期愈來愈短，持續修正商業模式便顯得更加重要。

除了管理產品的生命週期外，也應思考市場將來成長的模式，並考量該如何在未來趨勢與眼前帶來收益的商業模式間取得平衡。如此，也才能事先為下一個商業模式進行布局，在適當時機策略性地轉移投資與資源。

管理商業模式

需要的行動	●調查市場環境 ●持續評估商業模式 ●活化商業模式與重新審視 ●與企業整體的商業模式進行提攜 ●管理商業模式間的協同或競爭效應
成功因素	●長遠的視野 ●搶得先機 ●統籌管理商業模式
注意事項	●受制於成功經驗帶來的制式思維 ●未能成功適應市場變化

隨著來自市場的意見回饋，有時必須修正商業模式的設計。透過定期舉辦討論會等做法，來調整與重新評估商業模式。

Part 1

Part 2

Part 3

Part 4

Part 5

Part 6

Tech

PART 5

透過各種技巧
靈活運用 BMG 商業模式圖

nique

視覺化思考的重要性

□視覺化思考

BMG技巧特別重視視覺化思考的重要性。在所謂的商業模式中，一種要素將會對其他部分造成影響，因此必須能掌握住其全貌才有分析的意義。

而在分析的過程中，我們經常會使用到圖畫、素描、圖解和便條紙等工具。想要讓商業模式這樣一個複雜概念，能夠輕易地為任何人所理解，除了必須善加運用商業模式圖之外，也必須採納其他將概念視覺化的方法，以加深理解。

善用運用技巧

想要讓討論時的氣氛更活絡，可以善加運用商業模式圖和便條紙等工具，以及一些小技巧。

這些小技巧都各有優缺點，請視實際狀況和參加討論的人來決定該如何運用。

透過便條紙將概念視覺化

製作商業模式圖時，建議盡可能用雙手來進行。此時，除了可以使用便條紙來方便填寫各區塊中的要素外，也有簡單的標準守則可供參考。只要記住這些守則，不管是要修正商業模式圖的內容或進行討論，都能比較順利。

・在便條紙上列舉要素時的守則

> ●使用較粗的麥克筆
> ●一張便條紙上只寫一個要素
> ●用條列式逐項填寫
> ●增加或變更過的要素，寫在不同顏色的便條紙上

我經常在討論會中，看到有人把貼在各區塊中的便條紙寫得密密麻麻。雖然在一開始盡可能列舉出能夠思及的所有要素相當重要，但仍請盡可能在最後設法將它們寫成條列式。此外，若必須用上許多張便條紙時，也請順便思考一下有沒有辦法把上面的內容，統整成幾則大略的概念。如此一來，相信您將會發現，整張藍圖將可統整成，比您起初所想的更加典型的概念。透過這類統整作業，將有助於加深您對藍圖內容在本質上的理解，也可以完成一張更加綜覽全局、易於讓人做出判斷的商業模式圖。

Part 1

Part 2

Part 3

Part 4

Part 5

Part 6

視覺化思考方法

① 為了便於事後修正、變更和新增項目，一張比較大的便條紙上只寫一個要素。
② 使用較粗的麥克筆，就不會在不知不覺間於紙上寫下太多資訊，便於統整。
③ 留意分條列舉的原則，可以更便於旁人閱讀。

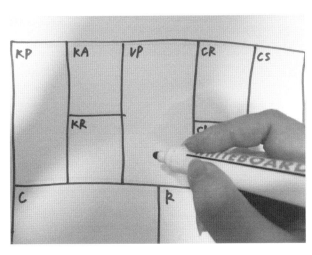

一般建議用白板或較大的紙板、列印出的表格等，來當作商業模式圖的底圖，不過，只要有紙筆在手，用雙手便可輕鬆畫出。
需要商業模式圖的模板時，可從下列網址下載：
http://www.businessmodel
generation.com/downloads/
business_model_canvas_
poster.pdf

善加運用圖片和插畫

□ 透過圖來整理的方式

圖片或插畫，往往是在簡報時用來輔助說明的好幫手。在為了製作商業模式圖而進行討論時，以及了解事業流程的過程中，圖片或插畫都是非常有效的工具。

在需要廣泛提出點子的階段，為求能夠更有彈性地提出視覺化的提案，多加利用圖表是不錯的主意。

您也可以不必拘泥於使用固定的商業模式圖格式，改而採用更容易為參加成員理解的圖示來進行說明。

在部分商業模式中，並不需要用上藍圖中的所有區塊，也能加以描述。遇到這樣的情況時，可以不用太過死腦筋，只要集中討論需要使用到的區塊就行了。此外，有時也會用流程圖的形式，來整理出事業在推行過程中各個步驟的相互關係。至於統計數據和市場資料等，在事前加以圖表化也是很重要的。

需要統整點子時，將發想的過程本身用圖表或心智圖（Mind map）等視覺化的工具記錄下來，可以供做參考。若您認為直接呈現出整個思考過程將更有助於其他成員理解，也可以考慮直接將當時製作的心智圖貼到投影片中進行簡報。

確認商業模式圖上各個區塊間的關係時，先將內容畫成圖表，再條列式地進行統整，會更加簡潔易懂。我有時也會在白板等地方畫上剛想到的點子，來輔助說明。當您覺得用某種圖表會比較容易說明時，請務必善加運用以促進討論。

除了以上所述的技巧外，寫在便條紙上的要素，也可以是象徵性的圖畫或記號，不一定要是具體的文字。

Part 1

Part 2

Part 3

Part 4

Part 5

Part 6

商業模式圖中的要素（以BOOKOFF為例）

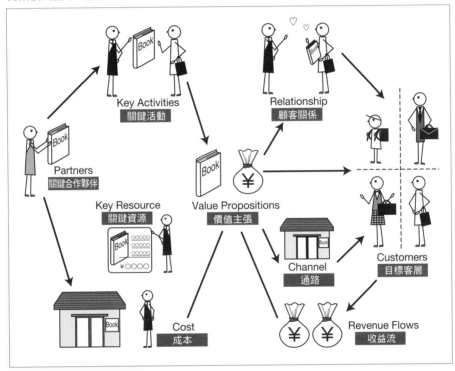

參考《獲利世代》製作

搭配圖像和插畫來對團隊成員進行說明，可
以更容易讓他們理解。準備圖像時，其實只
要採用最節省成本和時間的方法即可，就算
是用手畫也可以。

善加運用影片

□ 用影片來進行簡報

當與會成員較多，或成員之間對簡報理解有落差時，可以考慮透過影片提供資訊，以在最初破題，或加深每個人對事業背景等內容的理解。

例如，在聚集各種背景成員的討論會和研習活動中，參與成員對接下來要討論的事業內容的認識通常有深有淺；此時，除了透過協調者和商業模式圖的作者來解說外，還可以透過播放影片來說明。透過這樣的操作，可以讓多數參與者在對目標事業、人物背景和活動內容，有了更通盤的了解後，再展開討論。

一般而言，如果能準備一支數分鐘長度的影片自然最好，不過就算只是剪接企業的宣傳影片和媒體報導影片等的回收再利用，也足以讓人理解一間企業以及其事業活動的概況。

此外，影片的功效在進行簡報時也可有所發揮。遇到一開始就必須在短時間內讓所提的商業模式給對方對留下深刻印象時，將事業整體的概念用影片的方式來呈現，可以讓其後進行詳細說明時更加順利。

無中生有製作一支影片，需要花費不少成本和時間。在討論會等較非正式的場合使用時，也可以善加運用坊間一些影片編輯軟體的功能，用前後連貫的照片製作有如幻燈片般的效果。目前市面上有許多這類價格相對低廉，且無須專業知識的軟體可供挑選。如果只要提供觀眾大致上的概念便能使其了解，則用具代表性的照片串成前後連貫的影像，也足以得到和影片相同的效果。

此外，若您覺得比起透過口頭說明，用實際動作來展現會更容易理解時，就算是用家用攝影機來拍攝影像，也足以提供充足的資訊量。

在此也建議您養成隨手拍照的好習慣，以備日後不時之需。隨手拍下的照片往往不僅能夠充當製作影片的材料，也可以做為發想時用來刺激靈感的提示。

善加運用影片的事例

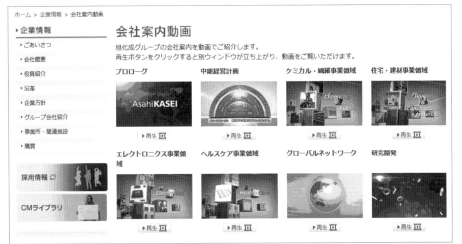

某些企業會將公司介紹及旗下各種業務的內容，以影片的形式在官網上公開。善加運用這些影片，可以當作在短時間內與人共享資訊的工具。特別是在企業研習等必須大略掌握全盤概況時，特別好用。

出處：旭化成官方網站
（http://www.asahi-kasei.co.jp/aboutasahi/corporate_movie/）

可以使用照片製作投影片的工具（免費軟體）

- Movie Maker
- Windows Movie Maker
- Photo Slideshow Maker Free
- Windows Photo Story
- FastStone Image Viewer
- Photo Shuffle
- Ravi（製作短片的工具）

Part 1
Part 2
Part 3
Part 4
Part 5
Part 6

善加運用照片

□視覺影像範例　□如何善用討論會

最近在開會時，常看到有人會將會議過程中寫得滿滿的白板拍成照片做為記錄，或供日後再利用。

在BMG技巧中，常會需要圖解或是在兩手空空下進行團體討論會。這使得照片經常能夠派上用場，是故建議您身邊隨時準備能夠照相的器材。

特別是對商業模式圖而言，最後結果和討論過程同樣重要。因此，必須在過程中做好記錄，以供日後回顧。

目前坊間雖然已有將商業模式圖數位化的工具，然而手繪的商業模式圖更容易讓人對於討論的過程一目瞭然，在之後回顧時將非常有幫助。

因此，建議您在不同的時間點與進度拍攝商業模式圖，將之記錄下來加以保管。通常會使用數位相機或智慧型手機做記錄，但是用拍立得也可以。

拍好的影像可以列印出來分享給在場的所有成員，或貼在商業模式圖上做為視覺化的圖示資料，以及在黏貼時寫上名字用來對成員自我介紹等，各種情況下都能派得上用場。特別是對第一次一起舉辦討論會的成員而言，可以發揮極高的效果。

下列是善用照片的好時機。

（1）透過討論與事業有關的照片來加深成員的共通理解。

（2）在商業模式圖貼上具象徵性的圖示，可以讓人更容易想像相關的內容。

（3）附上照片做為對參與成員的自我介紹。

（4）用來記錄在討論過程中畫出的圖像或徒手描繪出的圖表。

（5）用來記錄商業模式圖。

（6）用來記錄討論會等活動的過程。

（7）記錄問卷調查或市場調查的經過，用在報告或回報當中。

Part 1

Part 2

Part 3

Part 4

Part 5

Part 6

透過照片來記錄商業模式圖

用手寫方式製作的商業模式圖，
由於難以直接保存，因此用照片
形式記錄下來，是個不錯的選
擇。

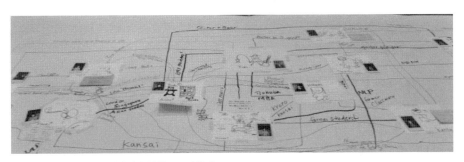

用拍立得拍下成員的照片或畫出的圖，可以當場
貼上加以利用。這麼一來不僅在視覺上容易理
解，也有容易讓人留下深刻印象的優點。

加深理解所需的技術

□角色扮演　□對課題的共通認識

何謂角色扮演

所謂角色扮演，是指模擬現實工作中可能出現的場景，並在該場景中扮演某種角色，以累積實務經驗的方法。

為了加深對設計出來的商業模式圖的理解，必須模擬現實中可能發生的場景，並分別由多人扮演不同角色，以獲得藍圖在運作時可能出現的情境體驗。角色扮演除了可培養在發生某種情況時能立即採取適切的應對措施之外，也能透過從特定（與自己不同）立場的人的觀點來思考問題，並試圖描述其全貌。

例如，剛設計好一份商業模式圖，或剛想出一個點子時，應該由參與成員融入其中角色，推敲這份模式圖是否存有問題。

透過角色扮演，可以推導可能發生的狀況；比起單純只用邏輯來敘述，這種方法更加訴諸體感，可以讓參加者對於課題有共通認識。

加深對特定課題的理解

想要讓參與成員扮演被賦予的角色並且進行討論，必須讓所有成員具備對於該主題的知識、資訊與想像力。

同時，在討論過程中浮現問題癥結時，就應把握機會蒐集資料，並針對潛在顧客進行訪談等，可以更進一步了解問題所在。很多時候，立場不同，看法也會有所差異；或者也有可能因為某些環環相扣的因素影響下，碰上從未設想過的局面。

紙上談兵容易流於空話，很多問題會無法察覺，建議您可以試試角色扮演這個方法，來更加實際理解商業模式的內容。

透過練習角色扮演，想必您將更能體會傾聽與同理心的重要性，並且在溝通的過程中掌握不斷變化的狀況，進而用更加擬真的假設來獲得更理想的結果。

Part 1

Part 2

Part 3

Part 4

Part 5

Part 6

實施「角色扮演」的範例

模式1：將所有參加者按照登場人物的數量分組，並且指派各組角色。

①把「角色卡」發給各組，讓各組成員看過後各自討論角色的定位。

▼

②各組派出一名代表，根據各組討論的內容，在所有人面前扮演各自角色，並發表意見。

▼

③所有人共同參與討論，以形成共識。

▼

④若還有時間，則可以整理課題、針對各組進行調查與重新檢討，討論出全體人員的共識。

▼

模式2：從參加者中選出等同於登場人物數量的人選，讓他們在其他參加者面前扮演角色。

①把「角色卡」發給被挑中的人選。

▼

②被挑中的人選依照「角色卡」進行扮演，闡述自己的意見。

▼

③若登場人物（演員）的討論決裂，則暫時停止。

▼

④由所有參加者一起討論各登場人物的想法。

▼

⑤所有人一同討論解決方案。

提出點子的方法

□ 腦力激盪

準備大張的紙和空間

關於商業模式圖的尺寸,想辦法做得大一些會比較好。因此,可以考慮把表格畫在厚紙板上,或將下載下來的數位表格列印在A1(59.4 cm X 84 cm)大小的紙張上。

在製作商業模式圖的過程中,如果能夠站起來走動,有助於想出新的點子,因此最好也選個空間寬敞的場所。

舉行討論會時,通常會需要由四至五人組成一個小組。請確保每個小組都有能夠用來書寫便條紙的桌子,以及用來張貼商業模式圖以供討論的牆壁或白板等空間。

點子的量比質重要

您或許會覺得好的點子難尋。不過,只要提出的數量夠多,自然也會有所收穫。換句話說,要想出一個好點子,最簡單的做法便是想出各種不同的許多點子。就算失敗也沒關係,請不斷勇於嘗試。

為了能夠持續進行這樣的嘗試,此時不應獨自悶著頭發想,而是建議先從創造出由幾個人進行腦力激盪的氣氛開始著手。在提出各種意見的過程中,只要能發掘出一個自己從未有過的想法,就算是很大的收穫。

在提出意見時,請避免立刻針對意見進行批評,先從仔細聆聽開始做起。

如果參與討論的組員讓場面熱絡不起來,可以嘗試找位與平時組員不同個性的成員加入,或是放點輕鬆的音樂,改變現場氣氛。

我在討論會進行的過程中,總是會放點音樂,或準備一些甜點給與會者轉換心情。總之,能夠自由交換心中意見的環境,是想要製作一份好的商業模式圖所不可或缺的——這一點請銘記在心。

Part 1

Part 2

Part 3

Part 4

Part 5

Part 6

在自由的氣氛下進行腦力激盪

比起容易流於生硬的會議形式，能夠在寬廣的空間中自由活動身體、填寫商業模式圖的環境，將更容易想出有別於平時發想的點子。

彼此先提出大量意見，之後再確認彼此的觀點是否有遺漏之處，再逐步歸納為共通的點子。

Sa

mple

PART 6

商業模式圖的實踐範例

樂天市場～持續成長的商業模式～

□正面反饋　□提供共通平臺

圖為日本最大的網購平臺「樂天市場」（樂天）的商業模式圖範例。「樂天」是一個集合了各式各樣網路店鋪的「網路商店街」。在其商業模式運作下，使用者人數將隨店家數量增加而提升；而當使用者人數提升了，店家也會隨之增多，可說是一種正面反饋的循環。

樂天的顧客最大的特徵，便是各自擁有一個ID，可以通用於該集團提供的所有服務。透過這樣的做法，讓使用者能夠在不同店鋪中使用同一個ID享受金流服務，並進行統一管理。

另外，登入此共通ID後，使用者還能管理自己累積的「樂天超級點數」。這是在樂天市場中購物時累積的點數，並可同樣還原至購物時使用。這樣的機制，促使樂天會員持續且循環地利用該集團提供的服務。

因此，提供一個共通平臺，對樂天的事業而言便有著相當重大的意義。

樂天市場的商業模式圖

KP
關鍵合作夥伴

KA
關鍵活動

招攬店鋪
教育店鋪

維護系統

KR
關鍵資源
經營網路商店的
與經驗
系統（平臺）
品牌

C$
成本結構

系統（平臺）的開發與維護費用
人事費用

www.businessmodelgeneration.com

VP
價值主張

①能在網路上購買各種商品
①安心感（如線上支付等）

②集客能力
②無須花費太多初期投資便能開店

CR
顧客關係

①網路
①樂天超級點數

②面對面
②網路

CH
通路

①網路

②網路
②業務人員

CS
目標客層

①網路使用者

②網路店鋪老闆

R$
收益流

①線上付款收益
②設店費用
②廣告收入

價值主張
透過樂天提供的共通ID，可以享受一次式的全套服務。

Part 1
Part 2
Part 3
Part 4
Part 5
Part 6

@COSME～廣告收入型營收模式～

□口碑行銷網站　□針對女性的事業

@COSME是在女性族群中知名度相當高的口碑行銷網站。

這種網站的商業模式，就和著名的「美食記錄」（日本著名的美食口碑行銷網站）一樣，重點在於如何善用消費者生成的內容做為智庫。從前，說明產品的工作主要都由店家和廠商進行；然而，近年來口碑行銷開始風行之後，來自消費者的真誠意見和感想，對於一般人的購買行為產生很大的影響力，也因而使得社群媒體開始備受矚目。

@COSME是備受消費者支持的美妝品口碑行銷網站。網站上不僅能夠查詢到消費者的口碑、商品資訊以及銷售排行，也可以參與企劃原創商品、針對護膚和化妝相關問題的發問等。如此多采多姿的內容，使得網站的使用者數量不斷攀升，最後甚至因為在網路上實在太受歡迎，而開始開設實體店鋪@cosme store。

@COSME的商業模式圖

KP 關鍵合作夥伴	**KA** 關鍵活動 維護系統
	KR 關鍵資源 系統（平臺） 品牌 消費者口碑內容

C$
成本結構
系統（平臺）的開發與維護費用
人事費用

www.businessmodelgeneration.com

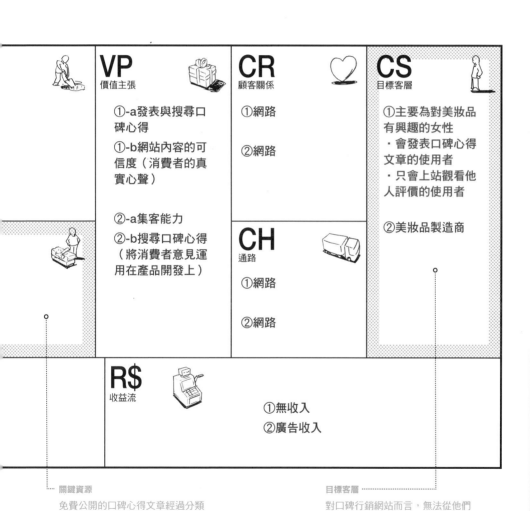

VP
價值主張

①-a發表與搜尋口碑心得

①-b網站內容的可信度（消費者的真實心聲）

②-a集客能力

②-b搜尋口碑心得（將消費者意見運用在產品開發上）

CR
顧客關係

①網路

②網路

CH
通路

①網路

②網路

CS
目標客層

①主要為對美妝品有興趣的女性
·會發表口碑心得文章的使用者
·只會上站觀看他人評價的使用者

②美妝品製造商

R$
收益流

①無收入
②廣告收入

關鍵資源

免費公開的口碑心得文章經過分類建檔為資料庫後，將成為重要的情報資產。

目標客層

對口碑行銷網站而言，無法從他們身上獲得直接收入的使用者，是最重要的目標客層。

Part 1

Part 2

Part 3

Part 4

Part 5

Part 6

COSTCO量販～會員制商業模式～

☐開發自有品牌產品　☐降低成本

COSTCO是會員制的倉庫型量販店，供會員以低價購買在市面上相當受歡迎的產品。原本發祥自美國的COSTCO，在日本的規模雖然還僅止於十數間分店，但在近年來除了急速展店外，也常獲電視媒體等報導，因此知道的人想必不少。

COSTCO以能夠善用美商優勢，以低價提供進口產品著稱，同時他們的自有品牌也有許多支持者。

除採用會員制以及**開發自有品牌產品**等，鞏固顧客回流的方法之外，COSTCO也透過直接保持裝箱的狀態陳列貨物來減少營運成本，同時以延後付款為條件向廠商大量進貨，並與多家廠商同時進貨以促使廠商削價競爭等，各種不同方法，才實現了以低價格提供商品給消費者的目標。

COSTCO量販店的商業模式圖

KP
關鍵合作夥伴

製造商A
製造商B
製造商C
製造商D

KA
關鍵活動

大量進貨受歡迎的產品
開發自有品牌產品
與廠商交涉

KR
關鍵資源

不透過中盤商進貨的銷售模式
會員制的銷售系統

C$
成本結構

店鋪系統（平臺）的開發與維護費用
人事費用

www.businessmodelgeneration.com

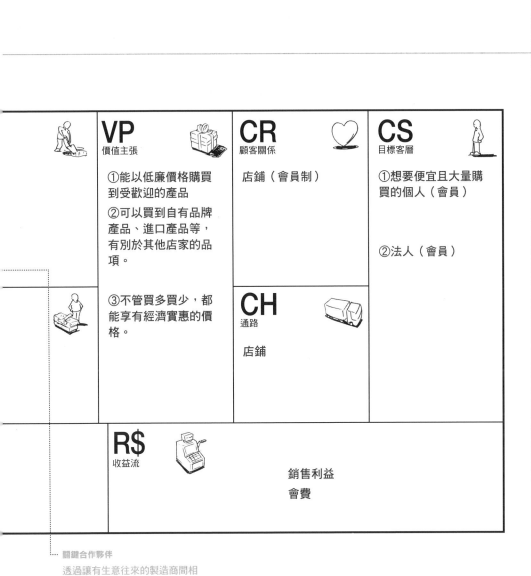

VP
價值主張

①能以低廉價格購買到受歡迎的產品

②可以買到自有品牌產品、進口產品等，有別於其他店家的品項。

③不管買多買少，都能享有經濟實惠的價格。

CR
顧客關係

店鋪（會員制）

CH
通路

店鋪

CS
目標客層

①想要便宜且大量購買的個人（會員）

②法人（會員）

R$
收益流

銷售利益
會費

關鍵合作夥伴

透過讓有生意往來的製造商間相互競爭，以壓低進貨價格。

Part 1

Part 2

Part 3

Part 4

Part 5

Part 6

DHC～通路變化型策略商業模式～

□通訊銷售→便利商店銷售

DHC是一間製造與銷售化妝品、健康食品、營養補給品等產品的綜合製造商。

目前，該公司銷售總計達三百六十三種健康食品，已然成長為業界最大規模的企業；並且在美容・健康食品的通訊銷售營業額方面，也有著排名第一的成績。

（根據二〇一二年一月一日　日本流通經濟報　通訊銷售・通訊教育・電子商務銷售額統計資料）

DHC的特徵在於，雖然到目前為止業務的成長主要是透過通訊銷售，但早在開設線上商店和直營店之前，就已經著手強化在便利商店銷售的通路。該公司主要的客層為年輕族群，而便利商店通路對該族群的消費行為有著舉足輕重的影響力。因此，致力拓展便利商店的策略，獲得很大的成功。

除了開拓獨自的通路外，還能利用既存通路中效果較高的便利商店來提升知名度、增加購買機會，並提供顧客能夠輕易買到產品等多種優點。

DHC的商業模式圖

KP 關鍵合作夥伴	KA 關鍵活動
	KR 關鍵資源

C\$ 成本結構

www.businessmodelgeneration.com

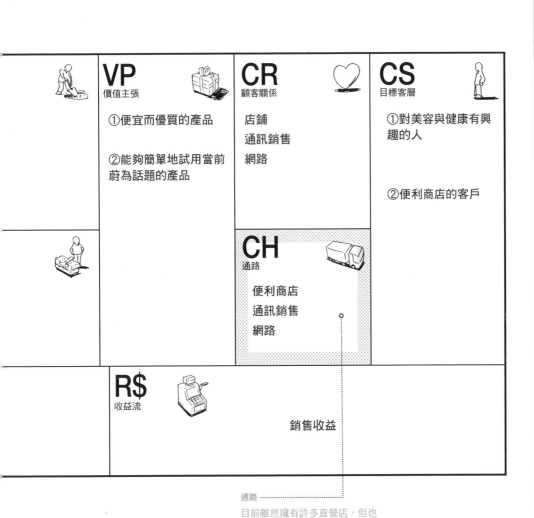

VP
價值主張

①便宜而優質的產品

②能夠簡單地試用當前蔚為話題的產品

CR
顧客關係

店鋪
通訊銷售
網路

CS
目標客層

①對美容與健康有興趣的人

②便利商店的客戶

CH
通路

便利商店
通訊銷售
網路

R$
收益流

銷售收益

通路 ....
目前雖然擁有許多直營店，但也將便利商店和網路等進入門檻較低的通路，活用至最大限度。

Part 1

Part 2

Part 3

Part 4

Part 5

Part 6

流動式超市～靈活運用庫存型業務～

□針對年長者的事業

針對住宅區或集合住宅提供的流動式超市業務雖然一直存在，但隨著人們逐漸習慣前往便利商店購物的消費型態，以及郊區大型量販店的業務拓展，一般被認為是逐漸滅絕的夕陽產業。

然而，在人口減少等社會問題較為嚴重的偏遠地區，年長族群在購物上面臨許多困難，甚至出現所謂「購物難民」的現象。相當諷刺的是，在這種情況下，流動式超市的存在意義才再次受到矚目。

近年來，流動式超市除了成為提供行動不便的年長者能夠方便購物的機會之外，也同時兼具確認獨居老人人身安全的社會意義。

許多流動式超市都採用從既有店鋪派車外賣的商業模式。透過善用自家超市的庫存，可以降低庫存損失與少量多樣化進貨所需的成本。另一方面，在獨立經營的流動式超市中，則面臨利潤受到移動所需的汽油價格高漲影響的窘境；然而，由於這種營業型態兼具的社會意義，目前輿論正積極呼籲由公家機關提供協助。

流動式超市的商業模式圖

KP
關鍵合作夥伴

KA
關鍵活動

配合顧客的需求進貨

定期移動進行銷售

KR
關鍵資源

汽車與卡車

C$
成本結構

移動成本（汽油、人事費用）

www.businessmodelgeneration.com

Part 1

Part 2

Part 3

Part 4

Part 5

Part 6

VP
價值主張

①②
主動帶著商品找上顧
客
①②
顧客只需購買所需的
用量
①與顧客交流

CR
顧客關係

面對面

CH
通路

流動式店鋪

CS
目標客層

①所住地區周遭沒
有商店的高齡人士

②沒有汽車等交通
工具的客戶

R$
收益流

銷售利潤

目標客層 ·······················
此為典型的利基市場，能夠為目
標客層解決特有的問題，將會
成為這種商業模式的價值主張
（VP）。

語言教師～海外創業型業務～

☐價值主張　☐關鍵資源

酒井先生在針對來自世界各國的外籍人士所設的日文學校中教日文。

起初，他認為擔任語言教師的價值，在於教會學生日文，並協助他們在日文能力方面繼續進步。因此，他編製了不少讀寫和文法有關的教材，試圖透過各種教育方法教會學生正確的日文。

然而，他卻發現許多學生學習日文的目的，是為了要把日文當作工具，用來解決在日本社會生活時遭遇的問題。

因此，他改變教學重點，從要求學生學會正確的日文，轉換成為教導他們日本的文化與習慣，讓他們在實際生活和工作上可以更加順利。

對日本人而言稀鬆平常的事情，對外國人來說可能很難理解。酒井先生試著將日本的優點用外國人也能接受的角度加以傳達給學生，因而在學生眼中不僅是一位可靠的語言教師，也是值得信賴的朋友。

酒井先生的商業模式圖

KP 關鍵合作夥伴

KA 關鍵活動

教導日文

教導日本文化與生活習慣

KR 關鍵資源

教學經驗

各領域的知識

溝通能力

C$ 成本結構

累積教學所需的經驗與知識

對各種文化背景的理解（與容忍）

www.businessmodelgeneration.com

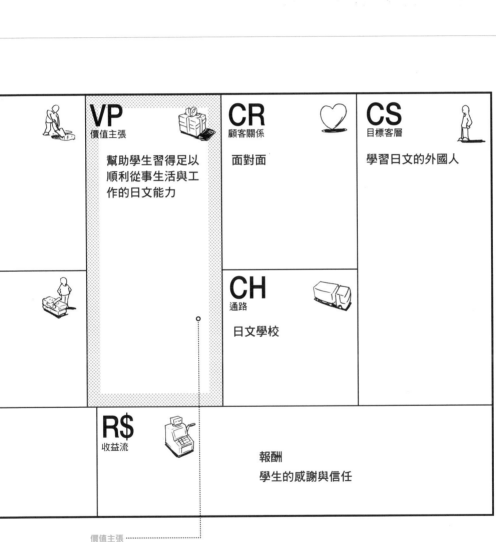

VP
價值主張

幫助學生習得足以
順利從事生活與工
作的日文能力

CR
顧客關係

面對面

CS
目標客層

學習日文的外國人

CH
通路

日文學校

R$
收益流

報酬
學生的感謝與信任

價值主張

從「教導學生正確的日文」轉換為「幫助學生
能夠順利在日本生活與工作」之後，教學內容
也發生了變化。

Part 1

Part 2

Part 3

Part 4

Part 5

Part 6

企業行銷負責人
～將自身價值視覺化～

☐關鍵活動　☐價值主張

井上先生在科技業的某間創投企業旗下的廣告宣傳部門任職。他所負責的主要業務雖然是廣告方面，但近年來除了廣告之外，多了許多與宣傳相關的市場行銷業務。因此，他試著使用商業模式圖，透過可視化的形式整理自己的價值。

由於在市場行銷方面的業務，他有許多針對目標客層進行策略提案的經驗，因此他馬上便能理解商業模式圖的使用方式，並進行下列自我分析，對自己的活動內容有更深入的了解。

井上先生認為，自己所擁有的溝通能力在與廣告相關的活動中最能有所發揮，也希望能夠藉由介紹自家公司的產品和服務，為公司獲得更多的支持者。

另外，他也體認到當面對不了解或不擅長的問題時，若能用自己的方式從對方的角度來發想，將是最能發揮自己長處的處理方式，因此面臨工作上的各種挑戰都能充滿自信地應對。

井上先生的商業模式圖

KP
關鍵合作夥伴

廣告代理店
媒體業務

KA
關鍵活動

・製作新聞稿
・公關業務
・編輯網路等使用的內容
・經營社群媒體

KR
關鍵資源

文筆
溝通能力

C$
成本結構

開拓除了業務以外的人脈（交流會、餐會）
蒐集業界潮流相關資訊

www.businessmodelgeneration.com

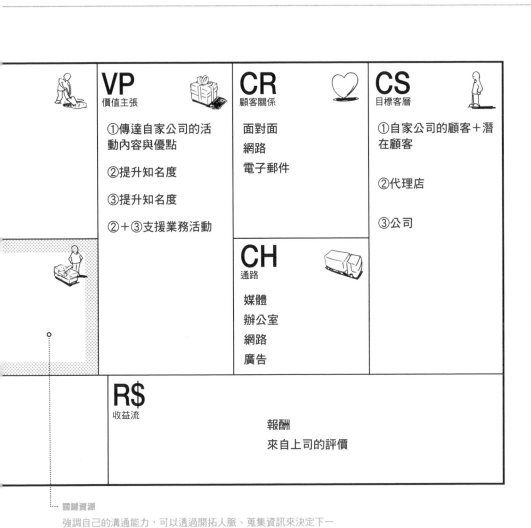

Part 1

Part 2

Part 3

Part 4

Part 5

Part 6

VP
價值主張

①傳達自家公司的活動內容與優點

②提升知名度

③提升知名度

②＋③支援業務活動

CR
顧客關係

面對面

網路

電子郵件

CS
目標客層

①自家公司的顧客＋潛在顧客

②代理店

③公司

CH
通路

媒體

辦公室

網路

廣告

R$
收益流

報酬

來自上司的評價

關鍵資源

強調自己的溝通能力，可以透過開拓人脈、蒐集資訊來決定下一步行動。若強調的是其他個人特質，則為了提升相關技能，有時也必須聽講課程或閱讀相關書籍，才能使整個商業模式得以成立。

網頁設計師
～自由接案者的商業模式圖～
□掌握與改善製作方式

浦河先生是一名網頁設計師，主要為企業設計和製作官方網站。早年在網頁設計公司累積足夠經驗後自行獨立，現在則以自由接案的設計師身分在市場上活躍。

由於網頁設計師是重視個人特質與感性的職種，因此他一直對於自己的價值到底在何處感到迷惘。不過，他的客戶當中絕大多數都是企業，比起創意發想，他認為商業網站更應該著重於傳達該公司的業務內容等。

於是，他開始認為自己所能提供的真正價值，在於將顧客要求的設計以具體方式呈現的方法上。

從這一層觀點來看，曾為許多企業設計網站的經驗便成了他的有力資產，並且也為他接下來的事業提供優勢。此外，由於業務上往往需要相當迅速完成作品，因此他也認為自己需要妥善管理能夠循環再利用的網站資料和提案模板，以改善自己的製作方式。因此，目前他也正朝這方面努力。

浦河先生的商業模式圖

KP
關鍵合作夥伴

製作公司

KA
關鍵活動

設計・製作網站
製作網站提案書
管理設計模組

KR
關鍵資源

設計威
設計經驗
溝通能力

C$
成本結構

電腦機器
設計軟體

www.businessmodelgeneration.com

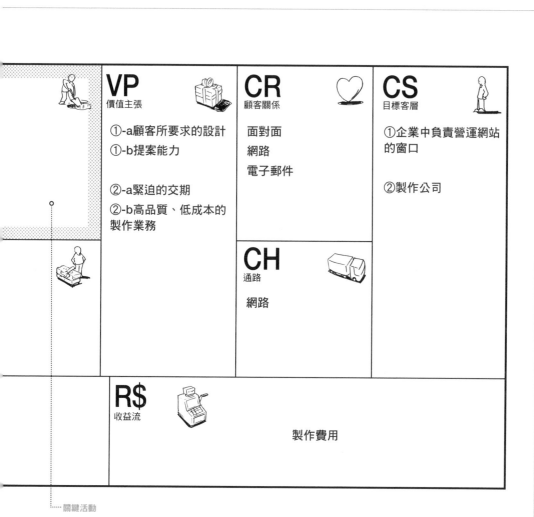

Part 1

Part 2

Part 3

Part 4

Part 5

Part 6

VP
價值主張

①-a顧客所要求的設計
①-b提案能力

②-a緊迫的交期
②-b高品質、低成本的
製作業務

CR
顧客關係

面對面
網路
電子郵件

CS
目標客層

①企業中負責營運網站
的窗口

②製作公司

CH
通路

網路

R$
收益流

製作費用

關鍵活動

今後在關鍵活動中將新增管理設計過網站的模板等業
務，做為讓自己能夠拓展更多業務、應付更多顧客需求
的工具。

醫療從業人員
～對己身職志的認識與轉職～

□關鍵資源　□關鍵活動

新井先生在醫院中擔任負責醫療事務的工作人員，對於醫療事務並沒有什麼不滿，也已累積了數年經驗。然而，在製作過自己的商業模式圖之後，他開始思考要怎麼樣才能過著讓自己更滿意的生活。

在個人的商業模式圖當中，必須重新審視自己所掌握的資源，並且將重點放在自己的個性和興趣上。與自己的興趣有關的工作，不僅能夠做得長久，也能成為努力的原動力。原本就喜歡的新井先生，開始尋找有沒有類似的職種，是能夠同時滿足自己興趣的。

結果，他轉換跑道進入動物醫院工作，兼任醫療事務與受理掛號的櫃檯事務。在此，不僅業務內容可以發揮之前所累積的經驗，也多了許多和動物接觸的機會，同時還能和喜歡動物的人們交流。為此，他對於新的工作感到非常滿意。

新井先生的商業模式圖

KP 關鍵合作夥伴	KA 關鍵活動
	受理掛號、接待客人 會計、醫療事務
	KR 關鍵資源 醫療事務經驗 喜歡動物 個性開朗

C$ 成本結構

拘束時間相當長（工作忙碌且具緊急性）

Part 1

Part 2

Part 3

Part 4

Part 5

Part 6

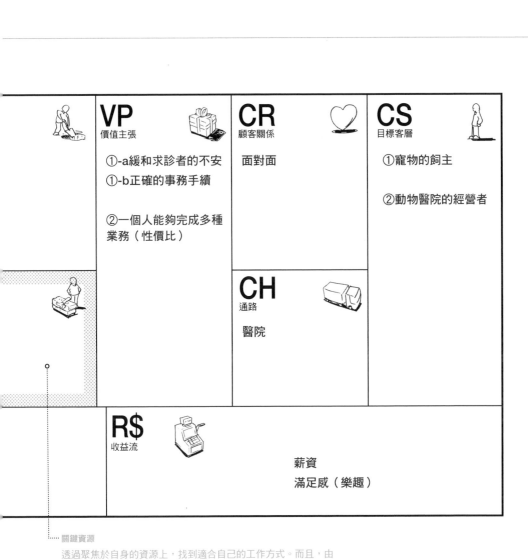

VP
價值主張

①-a緩和求診者的不安

①-b正確的事務手續

②一個人能夠完成多種
業務（性價比）

CR
顧客關係

面對面

CS
目標客層

①寵物的飼主

②動物醫院的經營者

CH
通路

醫院

R$
收益流

薪資
滿足感（樂趣）

關鍵資源

透過聚焦於自身的資源上，找到適合自己的工作方式。而且，由
於找到了能夠發揮自己在醫療事務方面經驗的職場，使這成為了
一份兼顧興趣與實務的商業模式圖。

Appe

有助於深入理解商業模式
創新理論的參考書與工具

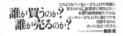

《頓悟的四個步驟》
（*The Four Steps to the Epiphany*）

Steve Blank　著

來自UC柏克萊、史丹佛的「創業」講座！由著名的連續創業家現身說法，與讀者分享創投方法論的集大成。在本書中可以學到如何實踐透過BMG技巧設計出的概念。

《點子都是偷來的》
（*Steal Like an Artist*）

Austin Kleon著，遠流出版，2013

在運用BMG技巧於商業模式圖上大肆揮灑之前，最適合先讀過本書，做點準備功課。書中介紹創意人的十大守則，例如「從複製前人的優秀作品開始第一步」之類，是一本讀來輕鬆卻能獲益良多的好書。

《Gamestorming: A Playbook for Innovators, Rulebreakers, and Changemakers》

Dave Gray, Sunni Brown, James Macanufo合著

要想出好點子，除了靠分析之外，還可以靠「玩」的——介紹能夠讓會議和討論會獲得更多收穫的八十個經典遊戲。這是一本讓人鍛鍊自身設計思維的教戰手冊。

《精實創業：用小實驗玩出大事業》
（*The Lean Startup*）

Eric Ries著，行人出版，2012

「Pivot」、「MVP」……所有創業成功不可或缺的重要概念，在書中應有盡有！本書介紹的是如何持續創造顧客所追求的產品之方法論。讀者可透過本書來更加深入了解，畫在商業模式圖上的計畫該如何進行反覆實踐‧驗證（反饋迴路）。

《不花錢讀名校MBA：200萬留著創業，MBA自己學就好了！》
（*The Personal MBA: A World-Class Business Education in a Single Volume*）

Josh Kaufman著，李茲文化出版，2012

本書濃縮了數千本商業書籍精華，從古典的MBA知識到最新的學界潮流與研究成果，都做過一番統整，可說是自學的首選。不只是對MBA有興趣的人務必一讀，也推薦給所有商務人士。

《未來在等待的人才》
（*A Whole New Mind Moving from the Information Age to the Conceptual Age*）

Daniel H. Pink著，大塊文化出版，2006

在未來充滿不確定性的時代當中，想要領一份靠得住的薪水，需要什麼樣的技能？本書是能夠為上述大哉問提供解答的一本著作。雖然出版距今已過了八年，仍然值得一讀。

《IDEA物語》（*The Art of Innovation: Lessons in Creativity from IDEO, America's Leading Design Firm*）

Thomas Kelley , Jonathan Littman 合著，2002

由世界頂尖的設計公司與讀者分享「創新」的訣竅。著名設計公司「IDEO」的總經理，毫不保留地解說如何打造出受歡迎的產品。對於設計思維、創新有興趣的人，必定不能錯過。

《未來工作在哪裡？決定你成為贏家或新貧的關鍵》（*The Shift: How the Future of Work is Already Here*）

Lynda Gratton著

在每日忙碌的生活中，我們容易在不知不覺間遺忘自己的方向。該如何工作、如何生活？在閱讀本書的過程中，將可以認識到如何在各式各樣的選擇中，選出對自己最重要的項目，做自己的主人並與時俱進。

Part 1

Part 2

Part 3

Part 4

Part 5

Part 6

Appendix

《創新與創業精神：管理大師彼得・杜拉克談創新實務與策略》

（*Innovation and Entrepreneurship*）

Peter F. Drucker著，臉譜出版，2009年

透過BMG技巧，您或許可以創造出屬於自己的商業模式。然而，您的商業模式總會有過時的一天。想要跟上變化的潮流，需要勇氣與正確的方法。這兩個條件，您都可以在本書中找到。

《創意黏力學》

（*Made to Stick*）

Chip Heath , Dan Heath著，2007年

這不是一本教你如何想出點子的書，而是教你如何用自己的話語打動對方的書。只要善用本書中的六大原則，你也可以在做簡報時，讓上司與同事刮目相看。

《讓你在一年後實現願望的讀書法》

間川清 著，2012年

透過BMG技巧掌握自己隱藏的才能之後，就請再透過本書找到最適合您的書吧！想要找到最適合自己的書，現在就去書店看看吧！

《社群效應：小圈圈如何改變世界》

Paul Adams著，碁峰出版，2012年

和招攬顧客的難題說再見！？盡情享受您有興趣且擅長的事情吧！朋友說想要的東西，就大方的送出去。這是一本教人如何獲得更多親近夥伴與熱情粉絲的教戰手冊。

《餐巾紙的背後：一枝筆＋一張紙就可以解決問題＋說服老闆&客戶》

（ *THE BACK OF THE NAPKIN: Solving Problems and Selling Ideas with Pictures* ）

Dan Roam著，遠流出版，2008年

用畫圖來解決問題！目前最為風行的《視覺溝通的法則》與《獲利世代》的作者們，爭相利用的視覺化思考方法，皆出自於Dan Roam的手筆。此為視覺化思考方法的創始人Dan Roam大受歡迎的暢銷力作。

《展開餐巾紙》

（ *Unfolding the Napkin: the hands-on method for solving complex problems with simple pictures* ）

Dan Roam著，遠流出版，2012年

《餐巾紙的背後：一枝筆＋一張紙就可以解決問題＋說服老闆&客戶》的續集。內容強調讓人能在短時間內學會視覺化思考方法。和前一集一樣，收錄了大量淺顯易懂的圖表。

《換軌策略：再創高成長的新五力分析》

（ *Escape Velocity: Free Your Company's Future from the Pull of the Past* ）

Geoffrey A. Moore著，天下雜誌，2012年

企業要不被變動的市場淘汰，必須適時的開發、轉換成長軌道，換軌，需要眼光，需要策略，更需要傾注資源賭一把的決心！本書著重在解說個人企業為了不錯失千載難逢的機會，需要什麼樣的事業結構。

《視覺溝通的法則：科技、趨勢與藝術大師的簡報創意學》

（ *Resonate: Present Visual Stories that Transform AudiencesResonate: Present Visual Stories that Transform Audiences* ）

Nancy Duarte著，大寫出版，2012年

學會BMG技巧之後，下一步要設法提升做簡報能力！為達此一目的，最具參考價值的便是這本《視覺溝通的法則》。一起來向曾為美國前副總統高爾和TED大會製作大量著名簡報的Nancy學習如何改變世界吧！

Part 1

Part 2

Part 3

Part 4

Part 5

Part 6

Appendix

《領導聖經》（*Synchronicity: The Inner Path of Leadership*）

Joseph Jaworski，2007年

當自己開始追尋夢想之後，該如何顧及現實？答案就在這本書中。對於想要充實自己的人生，但卻苦無天賦或資金，因而無法踏出第一步的人，這是最佳的指南書。

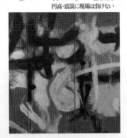

《從製造業重新站起來——不輸給日圓升值和震災的復興之力》

藤木隆宏著，日本經濟新聞出版社，2012年

日本經濟正面對震災、核能發電廠事故、日圓升值、先進國經濟不景氣、新興國家的崛起等嚴苛考驗。在這種情形下，從製造業的觀點來看，日本復興的關鍵在何處？這一本書可說是用BMG技巧的角度，來分析日本的製造業。

《真正的問題是什麼？你想通了嗎？：解決問題之前，你該思考的六件事》（*Are Your Lights On?: How to Figure Out What the Problem Really Is*）

Donald C. Gause、Gerald M. Weinberg合著，經濟新潮社，2010年

一九八〇年代的名著Are Your Lights On？的譯本。如果人生就像一次兜風，在三十年後的今天，恰巧就像是出了山洞，準備朝下一個號誌前進的時候了。Weinberg充滿幽默感的文風，適合推薦給對於發現與解決問題有興趣的您。

《創意的生成：廣告大師私家傳授的創意啟蒙書》（*A Technique for Producing Ideas*）

James Webb Young著，經濟新潮社，2009年

自從一九六五年初版上市後，歷經近半世紀仍歷久不衰的名著，同時也是啟蒙思考方式的長賣暢銷書。作者James W. Young運用經營廣告代理店的經驗，將持續產出點子的方法加以公式化，並進行發表，所得的結果便是本書。

BMG商業模式圖的PDF檔（英文版）

businessmodelgeneration.com
URL：www.businessmodelgeneration.com/canvas

在官方網站businessmodelgeneration.com上，除了銷售原著外，也備有相關工具並隨時刊登全世界與BMG技巧相關的新聞或活動資訊。在此，只要前往「CANVAS」頁面，就可以下載BMG商業模式圖的模板PDF檔（英文版），請務必善加利用。

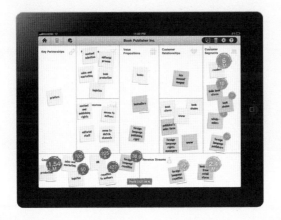

iPad版商業模式圖

businessmodelgeneration.com
URL：www.businessmodelgeneration.com/toolbox

iPad版商業模式圖每年約有三萬人次使用者，適合用於少人數的討論和沙盤推演。這個版本的商業模式圖除了速寫功能外，還具備了估價等測試收益性的功能，受到世界各地的創業人士與投資顧問愛用。

Part 1

Part 2

Part 3

Part 4

Part 5

Part 6

Appendix

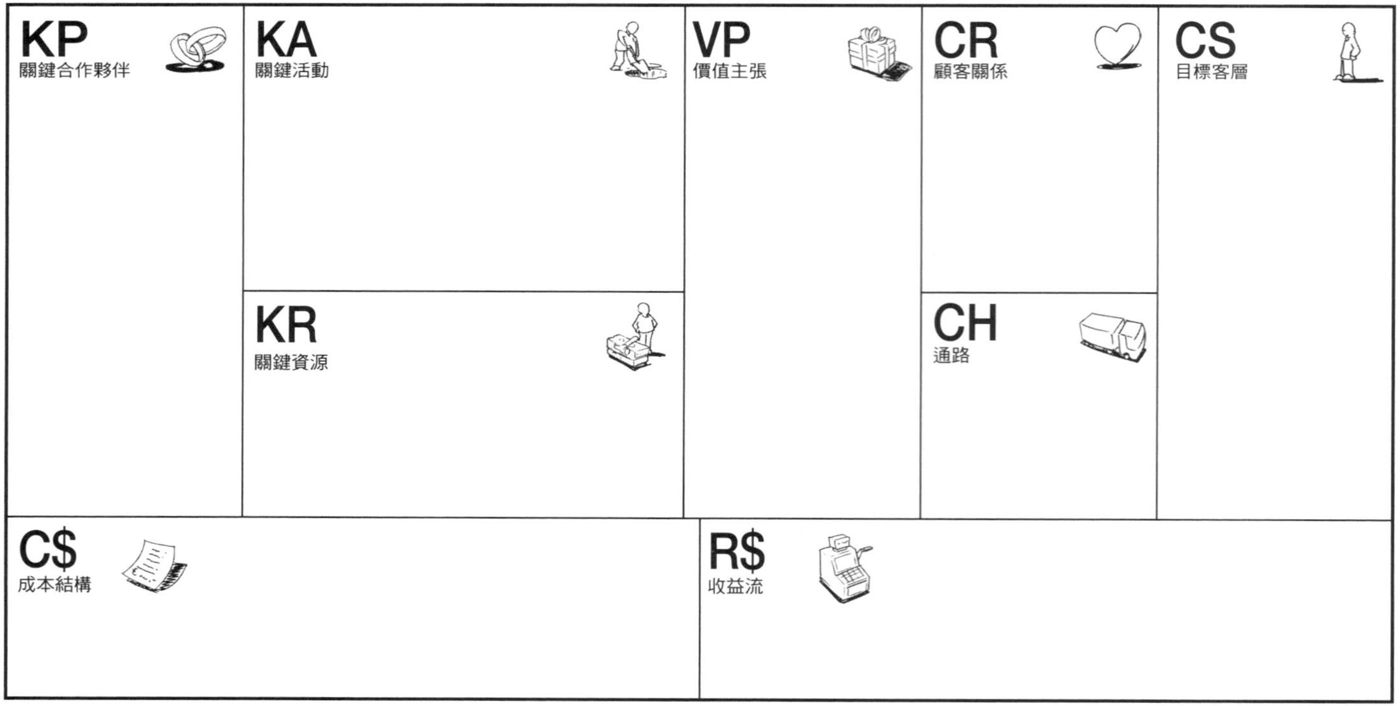

KP 關鍵合作夥伴

KA 關鍵活動

KR 關鍵資源

VP 價值主張

CR 顧客關係

CH 通路

CS 目標客層

C$ 成本結構

R$ 收益流

商業模式創新實戰演練入門——原來創造自己的商業模式這麼簡單

図解ビジネスモデル・ジェネレーション ワークブック

作　　　者———今津美樹
插　　　畫———福士徹
譯　　　者———王立言
封面設計———萬勝安
內文設計———黃雅藍
特約編輯———劉素芬
責任編輯———劉文駿
行銷業務———王綬晨、邱紹溢、劉文雅
行銷企劃———黃羿潔
副總編輯———張海靜
總　編　輯———王思迅
發　行　人———蘇拾平
出　　　版———如果出版
發　　　行———大雁出版基地
地　　　址———231030 新北市新店區北新路三段 207-3 號 5 樓
電　　　話———（02）8913-1005
傳　　　真———（02）8913-1056
讀者傳真服務—（02）8913-1056
讀者服務 E-mail—— andbooks@andbooks.com.tw
劃撥帳號 19983379
戶　　　名 大雁文化事業股份有限公司
出版日期 2024 年 5 月 三版
定　　　價 420 元
ISBN 978-626-7334-78-2
有著作權・翻印必究

図解ビジネスモデル・ジェネレーション ワークブック
(ZUKAI Business Model・Generation WORKBOOK: ISBN 3106-1)
© 2013 Miki Imadu
Original Japanese edition published by SHOEISHA Co., Ltd.
Traditional Chinese Character translation rights arranged with SHOEISHA Co., Ltd.
in care of TUTTLE-MORI AGENCY, INC. through Future View Technology Ltd
Traditional Chinese Character translation copyright
© 2024 by as if Publishing, A Division of AND Publishing Ltd.

國家圖書館出版品預行編目資料

商業模式創新實戰演練入門：原來創造自己
的商業模式這麼簡單／今津美樹著；王立言譯.
– 三版 . – 新北市：如果出版：大雁出版基地發
行 , 2024.05
面；公分
譯自：図解ビジネスモデル・ジェネレーショ
ン ワークブック
ISBN 978-626-7334-78-2（平裝）

1. 商業管理 2. 策略規劃 3. 創業

494.1　　　　　　　　　　　113003442

如果